"十二五"职业教育国家级规划教材

经全国职业教育教材审定委员会审定

针织毛衫

设计与制作实训

刘 颖◎主 编

吴秉坚 杨秀煌◎副主编

中国纺织出版社

内 容 提 要

本书是"十二五"职业教育国家级规划教材。

本书共分为三章,内容包括基础知识篇——针织毛衫概论、技术篇——编织技术、设计篇——女装针织毛衫设计与开发实训。侧重于讲解针织毛衫的设计与制作流程,用实例呈现如何使用手摇针织横机来编织最基本的针织组织结构,并应用于针织毛衫设计中。力求通过示范性实例引导学习者掌握针织毛衫设计与制作所需要的知识与技能,力求达到"做中学"的教改目标。每章都设定详细的案例讲解并配有大量的图片,以增强直观性,便于学习。

本书具有较强的实用性和可操作性,可作为服装专业培养应用型、技能型人才的教学用书,同时可作为毛织企业在职人员的专业参考书或培训用书。

图书在版编目(CIP)数据

针织毛衫设计与制作实训/刘颖主编. —— 北京:中国纺织出版社,2018.10

"十二五"职业教育国家级规划教材

ISBN 978 - 7 - 5180 - 5120 - 5

Ⅰ. ①针… Ⅱ. ①刘… Ⅲ. ①毛衣—针织工艺—职业教育—教材 Ⅳ. ①TS941.763

中国版本图书馆 CIP 数据核字(2018)第 120167 号

策划编辑:李春奕 责任编辑:杨 勇
责任校对:武凤余 责任印制:王艳丽

中国纺织出版社出版发行
地址:北京市朝阳区百子湾东里 A407 号楼 邮政编码:100124
销售电话:010—67004422 传真:010—87155801
http://www.c-textilep.com
E-mail:faxing @ c-textilep.com
中国纺织出版社天猫旗舰店
官方微博 http://weibo.com/2119887771
北京玺诚印务有限公司印刷 各地新华书店经销
2018 年 10 月第 1 版第 1 次印刷
开本:787×1092 1/16 印张:10
字数:145 千字 定价:39.80 元

出版者的话

百年大计，教育为本。教育是民族振兴、社会进步的基石，是提高国民素质、促进人的全面发展的根本途径，寄托着亿万家庭对美好生活的期盼。强国必先强教。优先发展教育、提高教育现代化水平，对实现全面建设小康社会奋斗目标、建设富强民主文明和谐的社会主义现代化国家具有决定性意义。教材建设作为教学的重要组成部分，如何适应新形势下我国教学改革要求，与时俱进，编写出高质量的教材，在人才培养中发挥作用，成为院校和出版人共同努力的目标。2012 年 12 月，教育部颁发了教职成司函［2012］237 号文件《关于开展"十二五"职业教育国家规划教材选题立项工作的通知》（以下简称《通知》），明确指出我国"十二五"职业教育教材立项要体现锤炼精品，突出重点，强化衔接，产教结合，体现标准和创新形式的原则。《通知》指出全国职业教育教材审定委员会负责教材审定，审定通过并经教育部审核批准的立项教材，作为"十二五"职业教育国家级规划教材发布。

2014 年 6 月，根据《教育部关于"十二五"职业教育教材建设的若干意见》（教职成［2012］9 号）和《关于开展"十二五"职业教育国家规划教材选题立项工作的通知》（教职成司函［2012］237 号）要求，经出版单位申报，专家会议评审立项，组织编写（修订）和专家会议审定，全国共有 4742 种教材拟入选第一批"十二五"职业教育国家规划教材书目，我社共有 47 种教材被纳入"十二五"职业教育国家规划。为在"十二五"期间切实做好教材出版工作，我社主动进行了教材创新型模式的深入策划，力求使教材出版与教学改革和课程建设发展相适应，充分体现教材的适用性、科学性、系统性和新颖性，使教材内容具有以下几个特点：

（1）坚持一个目标——服务人才培养。"十二五"职业教育教材建设，要坚持育人为本，充分发挥教材在提高人才培养质量中的基础性作用，充分体现我国改革开放 30 多年来经济、政治、文化、社会、科技等方面取得的成就，适应不同类型高等学校需要和不同教学对象需要，编写推介一大批符合教育规律和人才成长规律的具有科学性、先进性、适用性的优秀教材，进一步完善具有中国特色的普通高等教育本科教材体系。

（2）围绕一个核心——提高教材质量。根据教育规律和课程设置特点，从提高学生分析问题、解决问题的能力入手，教材附有课程设置指导，并于章首介绍本章知识点、重点、难点及专业技能，增加相关学科的最新研究理论、研究热点或历史背景，章后附形式多样的习题等，提高教材的可读性，增加学生学习兴趣和自学能力，提升学生科技素养和人文素养。

（3）突出一个环节——内容实践环节。教材出版突出应用性学科的特点，注重理论与生产实践的结合，有针对性地设置教材内容，增加实践、实验内容。

（4）实现一个立体——多元化教材建设。鼓励编写、出版适应不同类型高等学校教学需要的不同风格和特色教材；积极推进高等学校与行业合作编写实践教材；鼓励编写、出版不同载体和不同形式的教材，包括纸质教材和数字化教材，授课型教材和辅助型教材；鼓励开发中外文双语教材、汉语与少数民族语言双语教材；探索与国外或境外合作编写或改编优秀教材。

教材出版是教育发展中的重要组成部分，为出版高质量的教材，出版社严格甄选作者，组织专家评审，并对出版全过程进行过程跟踪，及时了解教材编写进度、编写质量，力求做到作者权威，编辑专业，审读严格，精品出版。我们愿与院校一起，共同探讨、完善教材出版，不断推出精品教材，以适应我国职业教育的发展要求。

中国纺织出版社
教材出版中心

前言

毛衫编织源自手织工艺，工业化促进了针织机器的发展，使毛衫能够实行批量生产。利用机器，既可编织蓬松的粗针套衫，亦可织制精致的细针衫品，令针织产品不再局限于秋冬穿着，亦适合春夏着装。针织毛衫是比较具有发展潜力的服装品种之一，制成的衣物款式多变并富有弹性，是服装市场上必不可少的商品。

毛衫编织的特点是可以利用收放针的方法去减少或增加布幅，从而制造出能够省掉剪裁工序和节省纱线用料的成形织物。运用电脑全自动编织横机，还可以创造出具有立体结构、无缝编织等独特效果的针织毛衫。如果选用特种纱线和不同的整理方法，则可以制作出具有功能性的毛衫，如防静电、防皱免烫、抗菌、防污、阻燃、导电、抗紫外线等，可供特殊场合穿着，也可用于保健、医疗等方面。

毛衫的产品开发应基于颜色、纱线、编织、款式、加工（印花、刺绣等）以及辅料等元素，通过不同的元素组合，创造出变化多端的效果。现代科技，尤其是计算机辅助设计系统为创作提供了方便，信息科技的应用亦为毛衫生产的质量和产量提供了实时和准确的数据。如今，我们可以利用智能工业工程系统，对所采集的数据作进一步的分析和整理，并利用分层图表了解实际信息，从而制订出实时解决方案，以提高管理的实效。

全书从基础知识开始介绍，由浅入深，并有具体的实例操作与设计的讲解，讲授手摇针织横机的织物组织编织技术，以指导毛衫设计，这是本书的编写重点。本书提供大量示范性实例，力求帮助学习者掌握针织毛衫设计与制作所需要的知识与技能，达到"做中学"的教改目标，深化教育部"重构课堂、联通岗位、双师共育、校企联动"的教改方针。每章设定详细的案例讲解并配有大量的图片，以增强直观性，便于学习。

为使本书内容符合针织毛衫的行业发展趋势，同时又具有较强的实用性，适合教与学的要求，在编写过程中充分发挥团队协作，使本书具有以下三个特色：

第一，汇集中国内地和中国香港相关院校的专业教师和行业专家一起编写本书，使本书既吸收了中国香港教学的前沿思想和教学方法，同时又确保符合中国高等院校专业师生使用。尤其是中国香港资深专家——吴秉坚与杨秀煌两位教授的加盟。吴秉坚教授，有30多年从事毛衫行业和教育领域的资历，且身兼多重职务，是中国香港特许纺织技师、国际纺织学会高级院士、中国香港绵德服装有限公司执行董事及科技总监、中国香港理工大学纺织及制衣学系讲师、中国香港纺织机成衣研发中心董事会成员，他的加入为本书提供了专业保证。杨秀煌教授从事毛衣行业53年，在晶苑国际集团工作36年，多年来在中国香港生产力促进局和制衣业训练局任职，现主要担任香港毛织创新及设计协会、澳大利亚羊毛发展公司和晶苑国际集团"毛衫工艺"课程主讲教师。

第二，本书注重理论讲解与示范操作相结合，通过示范性案例，让学生了解工作过程，从而获得专业知识和操作技能。示范性实例在同类教材中较为少见，这对培养学生的设计能力、动手能力、创新实践能力具有重要的指导意义。为帮助学习者自学和实训，每章均配有同步练习题。

第三，在本书编写过程中，学生参与本书的毛衫设计与编织工作，这既符合"注重教学实践、以实用为主、以应用为目的"的教改思路与方向，同时更以实际行动体现"以学生为中心"和"发挥教师主导作用"。

本书第一章、第二章、第三章第一节以及其中的工艺制作部分由刘颖、吴秉坚及杨秀煌共同编写；第三章的案例设计部分在教师王燕、龙凤梅的指导下，由学生罗健、卢子睿、黄怡欣和任宏宇完成图稿绘制与编写工作。本书毛衫的制作和工艺单的编写由教师黄维凯、何凤英和中国香港绵德服装有限公司承担。本书的图片拍摄与插图的绘制由教师刘颖、龚然冰，学生张娜、田义等人完成。全书由刘颖主编并负责统稿，吴秉坚、杨秀煌教授审稿。

由于专业和编辑水平有限，且时间仓促，书中疏漏和不当之处，敬请广大读者、院校师生、业界专家予以批评指正。

编著者
2018 年 1 月

教学内容及课时安排

章/课时	课程性质/课时	节	课程内容
第一章 （12 课时）	专业基础 （12 课时）		基础知识篇——针织毛衫概论
		一	针织毛衫及其发展
		二	针织毛衫制作环节概述
		三	针织毛衫从缝合到成衣的流程概况
第二章 （24 课时）	专业技能 （52 课时）		技术篇——编织技术
		一	编织技术
		二	工艺单
			设计篇——女装针织毛衫设计与开发实训
		一	设计开发前的准备工作
		二	产品设计开发元素
第三章 （28 课时）		三	青年女装针织毛衫设计与开发实例
		四	中年女装针织毛衫设计与开发实例
		五	老年女装针织毛衫设计与开发实例

注　各院校可根据自身的教学特点和教学计划对课程时数进行调整。

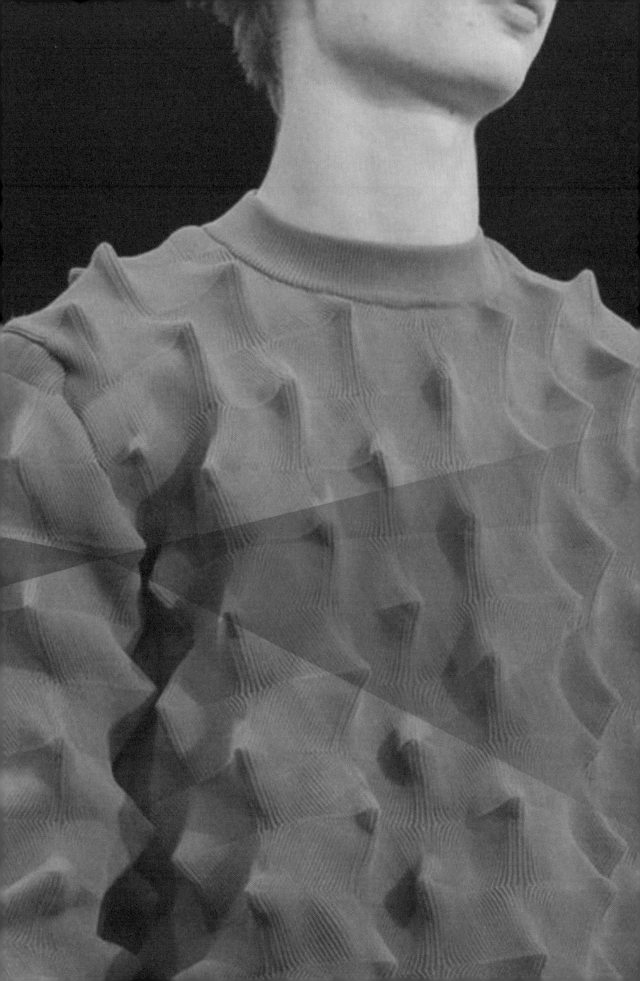

目录

第一章 基础知识篇——针织毛衫概论

第一节 针织毛衫及其发展 /16
　　一、针织毛衫的材料与特性 /16
　　二、针织毛衫业的发展现状 /17
第二节 针织毛衫制作环节概述 /19
　　一、针织毛衫主要制作流程 /19
　　二、针织毛衫编织设备 /20
　　三、编织纱线的配选 /27
**第三节 针织毛衫从缝合到成衣的
　　　　　流程概况 /44**
　　一、缝合 /44
　　二、洗水 /46
　　三、熨衣 /50
　　四、其他后整理 /51
　　练习题 /52

第二章 技术篇——编织技术

第一节 编织技术 /56
　　一、针织物分类与表示方法 /56
　　二、基础编织结构与基础编织技术 /59
　　三、织花编织结构 /80
　　四、成形编织 /83
第二节 工艺单 /88
　　一、毛衫工艺计算的基础知识 /88
　　二、针织毛衫下数编写 /94
　　三、圆领平肩弯夹长袖衫的工艺单编
　　　　写案例 /97
　　练习题 /103

第三章 设计篇——女装针织毛衫设计与开发实训

第一节 设计开发前的准备工作 /110

一、开展调研 /110

二、了解产品生产和质量控制 /111

三、了解毛衫制作加工途径 /114

第二节 产品设计开发元素 /115

一、纱线 /115

二、色彩 /116

三、产品组织结构 /117

四、产品款式 /118

五、辅料 /119

六、产品附加工设计 /119

第三节 青年女装针织毛衫设计与开发实例 /120

一、主题说明 /120

二、灵感来源 /121

三、设计创作 /123

四、工艺制作 /126

第四节 中年女装针织毛衫设计与开发实例 /137

一、主题说明 /137

二、灵感来源 /138

三、设计创作 /139

四、工艺制作 /144

第五节 老年女装针织毛衫设计与开发实例 /148

一、主题说明 /148

二、灵感来源 /149

三、设计创作 /150

四、工艺制作 /155

练习题 /158

参考文献 /159

第一章 基础知识篇
——针织毛衫概论

专业基础——

课程名称： 基础知识篇——针织毛衫概论

课程时间： 12 课时

课程内容： 针织毛衫及其发展

针织毛衫制作环节概述

针织毛衫从缝合到成衣的流程概况

训练目的： 1. 让学生了解针织毛衫与针织毛衫设计的基本概念。

2. 了解针织毛衫的历史、发展与目前的市场定位。

3. 通过实例让学生了解针织毛衫编织的流程、配置和运行原理。

教学方法： 教师讲授与学生讨论相结合。

第一节　针织毛衫及其发展

一、针织毛衫的材料与特性

针织毛衫编织源自手织工艺（图1-1-1），其织物是利用织针将纱线编织成相互串套的线圈所构成，目前有各式各样的编织方法，面料开发的便捷是机织面料难以比拟的。英国教士威廉·李（William Lee）在1589年发明了世界第一台针织毛衫编织机器，编织效率比手织高十倍。

（一）针织毛衫的材料

目前，针织毛衫既有蓬松的粗针毛衣，也有精致的细针套衫，针号规格包括 $E1\frac{1}{2}$ ~ $E20$。编织针织毛衫用的纱线一般较粗（图1-1-2），可供纺成纱线的纤维品种相对较多。

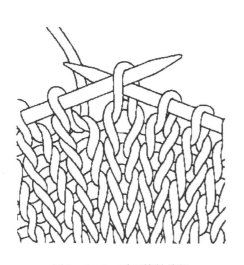

图1-1-1　手工棒针编织

图1-1-2　粗针毛衫

故针织毛衫并不单单指由羊毛纤维织成的毛衣，而是由各种纤维成分的纱线经手工或机器编织而成的针织服装的统称。现在针织毛衫的材料较为多样，与以往编织用的纱线纤维成分单一且受季节限制不同，毛衫类产品不仅采用多种纤维成分的纱线进行编织，而且适合不同的季节穿用。例如，冬天多采用羊毛、山羊绒（开司米）、兔毛、马海毛、羊驼、绢丝等纤维制成的纱线编织以达到保暖的功效，或将羊毛等动物纤维与化学纤维（腈纶、锦纶、涤纶等）混纺，既获得特殊效果，又降低材料成本，这在针织毛衫中应用普遍；夏天会选用棉、亚麻、苎麻、蚕丝、黏纤等吸湿透气性强的纤维进行编织，使产品凉爽舒适，利于炎热的夏季销售。针织毛衫产品适用于不同性别和年龄层次的人在不同的场合穿着，价格因纤维材料、制作难易程度、品质、品牌等而有所差异。

（二）针织毛衫的特性

针织线圈结构能创造出变化多端的织物效果，并且有很多穿着优点，如弹性、回复性、适体性、透气性和舒适性都极佳。这些优点使制成的针织服装既能展现人体曲线，又不妨碍运动，这是机织服装所不能及的（图1-1-3）。

针织织物可以制成无须裁剪的成形性服装，是制成套头衫、毛衫的理想织物。针织毛衫的主要特性如下：

（1）织物的触感舒适。

（2）织物具有弹性，不易起皱。

（3）易于穿着而毫无拘束感。

二、针织毛衫业的发展现状

针织毛衫工业化生产有效地促进了生产力和产品质量的调控，随着生产技术和设备不断更新和发展，加之原料品种的不断开发利用，促使针织毛衫的发展有了源源不断的动力。

图1-1-3　套头针织毛衫

（一）针织毛衫产品的发展现状

进入21世纪以来，针织毛衫的休闲化、外衣化、科技化、时装化顺应了人们生活方式的变化，设计师在针织服装的设计中融入了更多的时尚元素（图1-1-4）。目前，针织毛衫已一改过去一成不变的平庸外貌，在现代服装中占据越来越重要的地位，成为现代人着装方式中不可缺少的一部分，具有广阔的发展前景和巨大商机。

图 1-1-4　针织毛衫时装化

（二）行业发展现状

20 世纪 50 年代，针织毛衫业在中国香港萌芽，连续 20 多年的蓬勃发展带动了社会经济的兴盛。20 世纪 80 年代初期，中国实行经济开放政策，内地充裕的劳动力促使香港工厂全面北移，由此奠定了中国内地毛衫业的发展基础。

踏入千禧年代，中国已成为全球针织毛衫服装的主要产销地区，在产品的研发、生产和销售方面发挥着重要作用。目前，广东省是亚洲最大的针织毛衫生产地之一，中国是针织毛衫服装生产和进出口大国，2012 年从业人员达到 1300 多万，总产值逾 20000 亿元。

（三）从业人力资源现状

根据纺织品和服装办事处（Otexa – Office of Textiles and Apparels）、欧盟统计局（Eurostat）和日本贸易统计局（Trade Statistic of Japan）2016 年的数据显示，我国针织行业出口到美国、欧洲和日本的毛衫总额高达 9179 百万美元。近十余年，针织产业融入国际服装产业链的速度越来越快，如今针织服装产量占服装总产量的 60%，交易额占到 55%。另外，根据国家统计局的数据显示，针织行业中、大型企业近万家，主营业务收入每年递增，这主要源于针织产品内销的大幅增长。

以上数据表明我国不仅是针织品的制造大国，又是针织品的消费大国，针织毛衫行业的发展潜力巨大。纵观市场，我国针织业人工成本上涨，技术人才匮乏，创意设计与研发不足，导致产品缺乏竞争力，针织产业市场疲弱，呈现空洞化趋势。纵观教育，设置针织专业的国内高校较少，国内高校针织服装的教育发展与针织服装产业需求不平衡，相关院校培养的人才远远不能满足产业需求。随着我国社会经济、科学技术的发展，今后乃至十年对相关专业人才需求将逐步增大。

第二节　针织毛衫制作环节概述

一、针织毛衫主要制作流程

一件毛衫是从一根纱线开始的，其制作可分为五大步骤：选毛、编织、缝合、洗烫和后整理，具体细分流程参见图1-2-1。

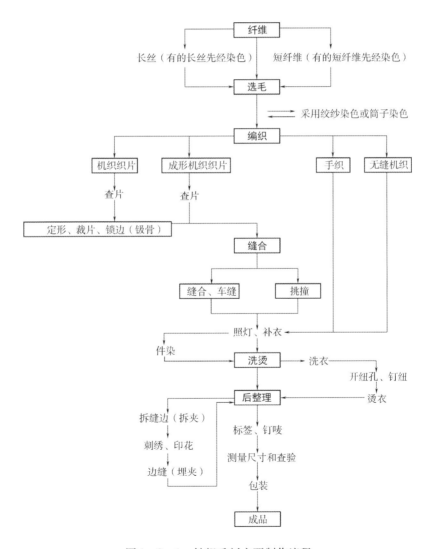

图1-2-1　针织毛衫主要制作流程

（1）绞纱染色：将松散的绞纱浸在特制的染缸中进行染色，这是一种成本很高的染色方法。

（2）筒子染色：将纱线卷绕在一个有孔的筒子上，然后将很多这样的筒子装入染色缸，染色缸中的染液循环流动，从而对纱线进行染色，染色后纱线的蓬松效果与柔软程度不如绞纱染色。

（3）锁边：又称钑骨，用途是防止织片裁口散开，分三线锁边和四线锁边。

（4）缝盆：又称缝盘，指的是一种机缝设备。主要功能是将衫片〔前衣片、后衣片、袖、领口边（领贴）、门襟边（胸贴）、袋及其他配件〕缝合。

（5）挑撞：指用手针串联、缝合机器所不能缝合的部位。

（6）拆缝边：又称拆夹，即将袖底缝、侧缝的缝合线暂时拆除，对于需要钉珠、绣花、印花之类的毛衫，在加工前一定要进行拆夹处理。

（7）边缝：又称埋夹，即将袖底缝、侧缝缝合。埋夹是一门由国外引进的技术性很强的专业机缝技术，其缝合而成的线迹与传统缝盘机的一样，但缝合速度更加快捷，便于拆缝边，有弹力。

（8）测量尺寸：又称度尺。

在整个毛衫设计与制作流程中，选毛和编织不仅是毛衫重要的工艺制作环节，更是关键的设计环节。针织毛衫与机织产品不同的是，设计师需要从纱线和织物组织结构开始设计。例如，同样的纱线采用不同的组织结构，织成的织物会形成不同的外观肌理、手感、悬垂性和尺寸大小等，效果存在明显差异（图1-2-2）。所以不了解织物组织形成的原理和特性，不但不能实现预期的设计效果，并且无法赋予产品创造力。因此作为针织毛衫设计师，必须要懂得纱线与针织物组织结构的选配原理和编织技术。

图1-2-2　上为畦编组织、下为罗纹组织的
两种常用组织比较

因此，本书以针织毛衫制作流程为编写顺序和主线，用实例着重阐述纱线、编织和设计三个方面的知识与技能。

二、针织毛衫编织设备

（一）针织毛衫编织设备分类

一般的针织毛衫多采用纬编织物，生产采用的针织机主要是圆筒机（图1-2-3）和横机，而横机又分为全自动电脑针织横机（图1-2-4）和手摇针织横机（图1-2-5）。

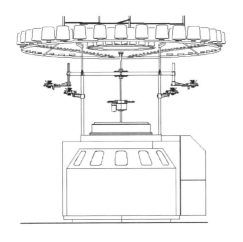

图 1 - 2 - 3　圆筒机

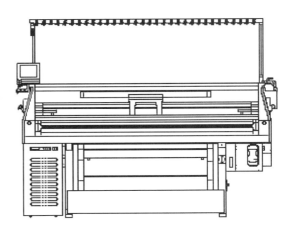

图 1 - 2 - 4　全自动电脑针织横机

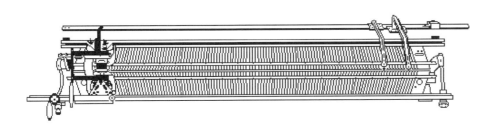

图 1 - 2 - 5　手摇针织横机

　　采用圆筒机编织的产品为圆筒状的连续坯布或计件坯布，同普通的纬编针织生产工艺一样，必须在检验后经过定形和裁剪工序，才能进行缝合工艺。如用圆筒机编织的细针针织面料（图 1 - 2 -6），用于裁剪汗衫，如 T 恤（图 1 - 2 -7）。

图 1 - 2 - 6　细针针织面料

图 1 - 2 - 7　T 恤

采用横机编织的产品则多为全成形衣片，全成形衣片只需要较少的缝合；少数为半成形衣片，半成形衣片需经过局部定形并在成衣工序中经过局部裁剪，才能进行缝合工艺。如采用横机编织的粗针成形衣片（图1-2-8），用于制作成形服装，如针织毛衫（图1-2-9）。

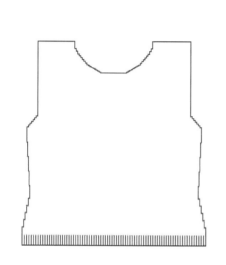

图1-2-8　运用加减针编织的成形衣片　　　　图1-2-9　针织毛衫

（二）横机

针织毛衫工业化有效促进了生产力、提高了产品的质量。在利用横机编织毛衫的过程中，可以通过加减针的方法去增加和减少毛衫部件的幅宽，编织出节省纱线用料和省掉剪裁工序的全件成形产品。伴随着现代生产技术和设备的不断提升，甚至可以生产具有立体结构、无缝编织的毛衫产品。

用横机可以编织成形衣片，可以不经裁剪而缝制成衣服，从而减少了损耗，一般可以减少30%的原料用量，这样不仅减少了裁剪损耗，而且还减少了裁剪、锁边等工序，缩减成衣缝制的工时，降低成本，所以目前针织毛衫都是以横机编织为主。

横机分为全自动电脑针织横机和手摇针织横机，全自动电脑针织横机价格昂贵，但由于自动化程度高，所以节省人力、效率高，且编织功能强大，能够编出不计其数的花样和款式，产品品质有保障。一般而言，全自动电脑针织横机的编织生产成本并不高于手摇针织横机，故全自动电脑针织横机成为具有一定规模的生产厂商重点投资的机器设备。

虽然全自动电脑针织横机有很多优势，但是手摇针织横机价格便宜，具备基本编织功能，因此依然是普遍使用的生产工具，而且掌握手摇针织横机编织技术也是掌握全自动电脑针织横机编织技术的基础。目前国内外院校都是以手摇针织横机作为学习针织毛衫课程的首要工具，讲解针织毛衫基本编织技术，本书列举的实例也是以手摇针织横机为主要编织工具来阐述编织原理和技术。

（三）手摇针织横机的结构及配件

1. 手摇针织横机结构

认识横机的结构、配置和运行原理，是学习编织技术的基础。织机固定在金属机架上，针床剖视图如图 1-2-10 所示。

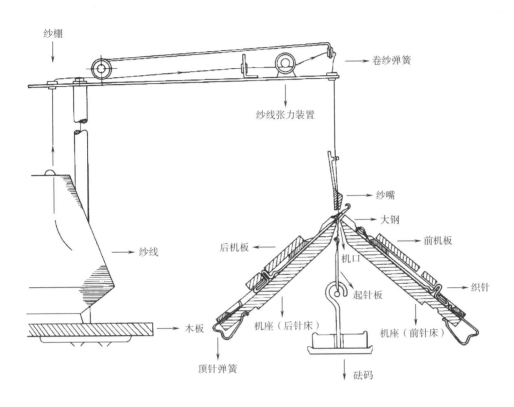

图 1-2-10 针床剖视图

（1）纱棚：放置纱线的木板和纱线张力装置（卷纱弹簧）的组合。

（2）机座：用于固定机板的位置。

（3）大钢：使机头左右往返编织的钢轨。

（4）机板：是装置织针的针床，用 1.2cm 厚度的钢板制成，通常长度为 92cm（36 英寸）、107cm（42 英寸）、122cm（48 英寸）等。机板有前、后两块，固定在铸铁支架上、呈对称配置。前、后机板之间的夹角一般为 100°，机板在机架上，可以上下升降和左右移动。机板主要有以下部分组成（图 1-2-11）：

①机齿：机板顶部有间隔针坑的机齿，在成圈过程中编成沉降弧并支撑着旧线圈。

②针坑（针槽）：放置织针和顶针弹簧。

③针尺：与钢尺相似，内嵌于机板，其作用是扣压织针于针坑内，抽出针尺可取换织针。针尺与织针有 0.2~0.3cm 间隙，针尺使织针上升时不会向上翘起，下降时则可以关闭针舌。尺面从中央向两边刻有每英寸针数数值，方便计算和选用织针针数。

图 1 - 2 - 11   机齿、针坑、针尺

④织针排针配置：针号从 $E1\frac{1}{2} \sim E18$ 都有，织针针数越大，织针越细。排针配置有两种，一种为针对齿排针，另一种为针对针排针，如图 1 - 2 - 12 所示。

针对齿排针：前机板织针与后机板相向织针成交替排针状态

针对针排针：前机板织针与后机板相向织针成对向排针状态

图 1 - 2 - 12   排针配置图

⑤编织菱角：其作用在于使机板的织针在针坑内上下运动。

⑥顶针弹簧：将顶针弹簧上推后，可使织针处于工作位置。

⑦机口：两边机板之间的空隙，可使纱嘴导纱喂入织针之内。

（5）机头：是牵动纱线成圈的综合装置，构成图例解析如下：

①机头成圈装置的构造如图 1 - 2 - 13 所示，用数字代表固定位置的装置，以简化文字，方便学习。1、2 装置是编织菱角（又称兜鸡），编织菱角平放或抬起能令织针编织或不编织。3、4 装置是字码蝴蝶（又称压针），通过调节字码蝴蝶控制成圈三角的位置，从而调节线圈

的大小和松紧。5、6 装置是起针三角，由对应的 1、2 装置控制，决定织针编织或不编织。7、8 装置是成圈三角，由对应的 3、4 装置控制，决定成圈线圈的大小、松紧。

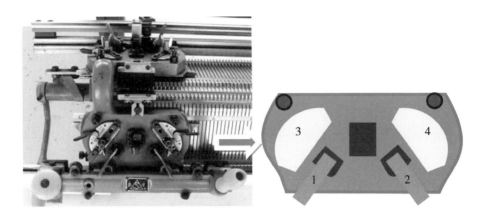

机头正面俯视图及缩略图

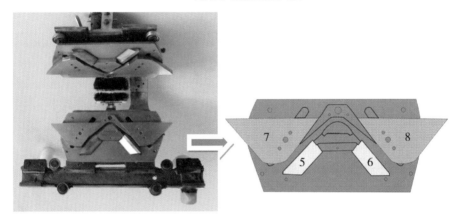

机头背面俯视图及缩略图

图 1-2-13　机头正、背面俯视图及缩略图

　　②织针是否编织由机头控制，其原理为：机头正面的 1、2 编织菱角分别对应前机头反面的 5、6 起针三角。当 1、2 编织菱角放平，则 5、6 成圈三角打开，织针编织（图 1-2-14）。当 1、2 编织菱角直立，则 5、6 成圈三角关闭，织针不编织（图 1-2-15）。

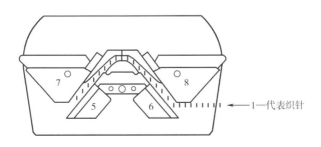

图 1-2-14　织针编织

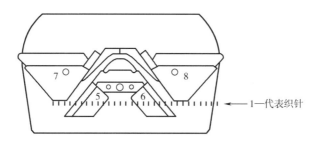

图 1-2-15　织针不编织

③纱嘴：是喂纱装置。主要分为两种，一种是普通型，为常用类型，只有一个送纱孔；另一种是盖纱型（带氙毛），有两个送纱孔，可织成两面为不同色彩的面料（图 1-2-16）。

（6）推手：推动机头的握持把手。

2. 手摇针织横机配件

（1）针扒：是手工搬针（移圈）的工具，可分为 1 支针扒（图 1-2-17）、2 支针扒、3 支针扒（图 1-2-18）等。用针扒的针鼻洞眼，勾住织针针钩，提取需要移离的线圈，然后搬到其他针钩内。

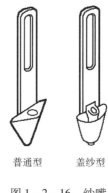

普通型　　盖纱型

图 1-2-16　纱嘴

图 1-2-17　单支针扒　　　　　　　　　图 1-2-18　三支针扒

成形编织主要是在同一机板上，将一支织针的线圈移往另一支织针，使纵行线圈增加（加针）或减少（减针），从而织出织物形状。

（2）开针板：又称针拨（图 1-2-19），是开针的工具，简化开针过程。一般随机的附件中配有 1×1、2×1 等常用的开针板。如 1×1 开针板即是每隔 1 支针，推下 1 支针，该支针不使用。

图 1-2-19　1×1 开针板

（3）起针板：又称长短梳，用来挂住底部的衣片，加挂砝码后，便于编织的衣片不断下降，以配合完成起针和编织。有长、短两种，这里采用的是短梳片式（图 1-2-20）。

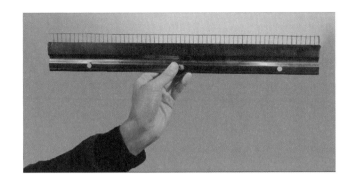

图 1 - 2 - 20　短梳片式起针板

（4）砝码：也称配重，用来增加织物的牵引力，以帮助脱圈。

（5）织针：是用钢片压制而成，且针舌为可活动的钩针。织针由针杆、针钩、针舌、针舌轴和针脚组成（图 1 - 2 - 21）。

图 1 - 2 - 21　织针

三、编织纱线的配选

（一）纱线及种类

纱线是将纺织纤维加工成一定细度的产品，用于织布、制绳、制线和刺绣等。

认识和辨别纱线的种类、特点以及与织机针号的关系，也是应用编织技术的基础。纱线的种类很多，而且有各种不同的分类方法，通常可按其结构和外形、纤维种类、成纱质量、用途以及处理方法不同而进行分类，依次如下：

（1）依纱线结构和外形可分为六种：单丝、复合丝、复合捻丝、单纱、合股线、花色线。

（2）依纤维种类可分为纯纺纱及混纺纱两种。

（3）按成纱质量分为精梳纱、粗梳纱、废纺纱及加工丝等。

（4）依纱线用途可分为机织用纱、针织用纱、绳索、编结线、特种工业用纱等。

（二）毛衫常用纱线品种性能对比

用于针织毛衫方面的纱线主要分为短纤维纱线和长丝纱线。

短纤维纱线是由短纤维（天然短纤维或化纤切段纤维）经纺纱加工而成。长丝纱线是由集合极长的连续长丝并联而成，如蚕丝纱线。蚕丝是长丝纤维，但也可以制成短纤纱线，即用废丝、蛾口茧丝或绪丝（蚕衣）的短蚕丝制成，分为绢丝和䌷丝两种等级。人造纤维纱线一般都是长丝纱状，这些人造纤维的连续长丝是由纺液从喷丝头挤压出来后在浴液中凝固或利用溶剂蒸发制成的纱线，或将人造长丝束切段用作短纤维纱线。短纤维纱线与长丝纱线的特性对比如下：

1. 手感

短纤维纱线呈毛状，织成的织物手感丰满；长丝纱线较为爽滑，织成的织物手感结实。

2. 光泽感

因为短纤维纱线的毛状感一般强于长丝纱线，所以长丝纱线织成的织物光泽更好。

3. 均匀感

短纤维纱线的粗细均匀度无法达到与长丝纱线一样，故纱线均匀感不如长丝纱线。

（三）毛衫用纱线的性能要求

针织物或针织坯布是用各种纱线或其他形式的纺织原料，经过针织机械编织而成的。所用原料必须根据产品的服用要求和生产条件周密地加以选择，以充分利用原料的编织性能，提高它的使用价值。

在针织毛衫编织的过程中，纱线要受到复杂的机械作用，即在形成线圈时，要受到一定的载荷，产生拉伸、弯曲和扭转的变形，同时纱线在通过成圈机件以及在线圈互相串套时，还会受到很大的摩擦，因此一般对针织用纱有如下要求：

1. 强力

纱线在针织设备和针织过程中，由于受到一定的张力和负荷，因此针织用纱应具有一定的强力，这样才能保证生产的正常进行。强力是针织用纱的一个主要品质指标。

2. 捻度

针织用纱应具有一定的捻度，但捻度通常较机织纱更低，其主要原因是针织物比机织物柔软。捻度要适中，如果捻度不足，对一般纱线而言，会使强力降低，在加工过程中会导致断头；如果捻度过大，则纱线在加工过程中易于扭结，会造成织疵，使织针受到损害，同时会引起线圈的歪斜和织物质地过硬的弊病。

3. 延展性

纱线的延伸度，对于针织工艺和产品质量颇为重要。延伸度较高的纱线在加工过程中，可以降低断头，而且可使针织产品延伸度增加，提高它的服用性能。

4. 吸湿性

用于生产针织内衣和一般运动衣的纱线应该具有良好的吸湿性。在同样相对湿度的条件下，吸湿性良好的纱线，它的回潮率比较高，这样有利于纱线捻度的稳定，还可提高纱线的延伸度和导电性，使纱线具有良好的编织性能。

5. 纱线均匀度与外观

纱线捻度的均匀在针织生产中具有重要的意义。纱线不匀会使针织物形成条纹和云斑等疵点，并使捻度分布不匀而产生扭结和出现弱环，影响针织过程的顺利进行。而用不均匀的细纱织造时，在织物上会出现各种疵点影响外观质量。

6. 柔软性

柔软的纱线易于弯曲成圈，并使织物上的线圈结构均匀，外观清晰。同时，在成圈过程中可以减少纱线的断头以及成圈机件的损伤。

7. 表面性能

纱线的表面性能主要是指光滑度和摩擦阻力。表面光滑的纱线在成圈过程中阻力较小，有利于纱线在编织时成圈，而且会使针织物成圈结构均匀，表面清晰，摩擦力大的纱线会使成圈过程中的张力增加，因此一般对于这种纱线要进行上蜡或给乳处理，这些加工处理可在络纱时进行。

8. 均匀染色性能

这对针织用纱具有十分重要的意义，如果配棉或混纺时成分不注意，纺的纱线会产生不同的色泽，染色后的布匹会出现条纹状色差等疵病。

（四）纱线与针织毛衫组织结构的设计关系

案例1. 纱线与毛衫组织结构的选配方案

（1）选配的原因和依据：在实践中发现，即使一样的纱线，随着针织样片组织种类的变化，会形成不同的肌理，最后所形成的面料效果也有差异（图1-2-22、图1-2-23）。所以在设计针织面料时，除从纱线性能和视觉效果入手外，还应该考虑到样片的组织对整个面料效果的影响。

图1-2-22　单面平针织物

图1-2-23　罗纹+底面针

本案例通过不同的选配比较，分析、提炼出较适合展示这些纱线特色并与织物组织结构较佳的选配方案。同时，简要阐述这些纱线在毛衫针织物组织中的设计要素，为后续针织毛衫设计选择适合的纱线提供合理的依据。

（2）选配步骤（图 1 - 2 - 24）：

① 筛选纱线：筛选近年来流行的花式纱线和花色纱线共计 20 个品种。

② 编织常用组织样片、形成样片库：使用手摇针织横机编织纬平针组织、双反面组织、罗纹类组织、集圈类组织、移圈类组织、空气层组织、波纹类组织、添纱组织、复合组织等织物样片，并形成样片库。

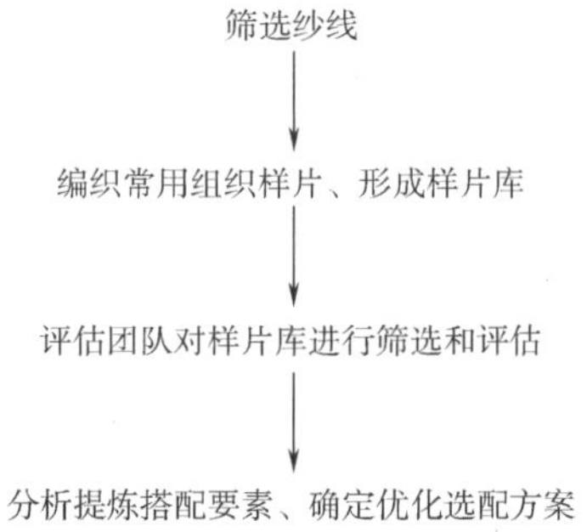

③ 评估团队对样片库进行筛选和评估：由行业专家、针织毛衫设计师和教师共同组成的评估团队，对样片库的每片针织样片的成品效果进行评价和筛选。

筛选纱线

↓

编织常用组织样片、形成样片库

↓

评估团队对样片库进行筛选和评估

↓

分析提炼搭配要素、确定优化选配方案

图 1 - 2 - 24　选配步骤

④ 分析提炼搭配要素、确定优化选配方案（表 1 - 2 - 1）：根据筛选后的样片进行分析、提炼，确定花式纱线与针织组织优化配置的要素和方案。纱线种类繁多，无法一一列举，为了更好地指导针织毛衫织物组织设计，在此仅列举了近年来流行的纱线品种，学生可以据此进行实操演练，举一反三，力求找到每种纱线最适合、最能展示其特性的织物组织种类，以便在设计中做到锦上添花、出奇制胜。

表 1 - 2 - 1　选配方案

序号	纱线品种	纱线成分	图片实例	纱线特色	适合的织物组织	适合的织物组织图片	建议开发的产品
1	银色喷毛纱	涤纶（Polyester）52%，羊毛（Wool）48%		有少量黑色毛绒感，金属色科技感强，属粗针线，适合针号为 E5 的针织机织造	底面采用底面针组织或单面平针组织，营造科幻的层次感		花纹组织简单、大方、时尚，富含科技感，展示人们追求自由、放松的意境
					谷波浮线和大型扭绳组织能增加立体感和异域空间感，整体外观特别		适合男女装款式，具有未来感和摇滚风格，可走时尚和高价格的设计路线

序号	纱线品种	纱线成分	图片实例	纱线特色	适合的织物组织	适合的织物组织图片	建议开发的产品
2	喷毛纱	腈纶（Acrylic）48%，羊毛（Wool）20%，涤纶（Polyester）32%		蓬松柔软，毛感较强，少弹性，有渐色效应，属粗针线，适合针号为E5的针织机织造	毛料外观丰富多样，单面平针组织能将纱线的特色展示出来，此款纱线适用于粗针横机编织，扭绳、仿流苏的设计能较好展现纱线粗犷的特色		毛料本身效果丰富，因此适合设计套头衫款式
3	喷毛纱	锦纶（Nylon）7%，羊毛（Wool）93%		毛感较强、较软，毛纱太粗，只适合手工编织和钩针编织	毛料太粗，不适合紧身的复杂组织，会令织物紧实厚重，适合使用钩针编织串联，以保持松软轻盈的风格		适合设计时装款式、配饰或局部点缀
4	拼纱	腈纶（Acrylic）60%，羊毛（Wool）25%，羊驼（Alpaca）15%		质轻柔软，有弹性和绒感，属粗针线，适合针号为E5的针织机织造	毛料柔软、轻盈，有绒感和弹性，适合制作立体感强的组织，像松紧字码、全畦编的荷叶边、全畦编扭绳，可增加视觉效果，且不会显得过于厚重		适合做女装外套等休闲服装，可增加细节部位的花形和装饰设计

序号	纱线品种	纱线成分	图片实例	纱线特色	适合的织物组织	适合的织物组织图片	建议开发的产品
5	圆带纱夹银丝	腈纶（Acrylic）25%，羊毛（Wool）13%，马海毛（Mohair）12%，金属纤维（Metallic）50%		夹银丝，有金属质感，蓬松柔软，有绒感，属粗针线，适合针号为E5的针织机织造	适合松紧字码、挑孔组织，能突显纱线金属质感和蓬松的效果		适宜做宽松的外套，可以在单面平针组织的基础上加些点缀
					扭绳能带出毛料立体效果，银丝突显亮丽		此毛料抢眼亮丽，适合简约的时尚款式
6	圆带纱	棉（Cotton）100%		呈扁带状，弹性较差，手感爽而硬，具有田园风格	放松线圈扭绳能增加织物的立体感，也可选择多种组织变化交叉编织，营造丰富的视觉效果		适合较挺身的外套或时装款式
					挑孔组织配上珠饰，风格协调，且具有一些民族风格		适合民族风格或休闲风格的服装
7	圆带纱夹银丝	棉（Cotton）88%，锦纶（Nylon）12%		呈带状，夹银丝，手感干爽冷硬，弹性较差，时尚冷酷感强，属粗针线，适合针号为E5的针织机织造	有规律的搬针挑花和扭绳组织可增加纱线的硬爽效果和冷酷感		挺身织法适合做春夏秋季男装，挑孔和挑花效果可选做女装
					松紧字码能增加衣片的粗糙风格		此风格适宜做宽松的休闲款式

序号	纱线品种	纱线成分	图片实例	纱线特色	适合的织物组织	适合的织物组织图片	建议开发的产品
8	扁带纱	腈纶（Acrylic）55%，羊毛（Wool）45%		呈扁带状，两边颜色深，中间颜色浅且为网纹，编织后有花色效应，属粗针线，适合手工棒针编织	单边松紧字码组织，此种织法不仅松软，而且稀松的间隙能显现纱线网纹和花色效应，宜采用宽松的织法，如果织法太紧太实，易产生厚重感		此毛料色彩和表面纹理丰富，适合做简单、悠闲的款式
					此种纱线中间为网纹，两边较紧密，通过缝合拼条后易形成波浪效果，且时尚轻巧		适合编织围巾或做装饰（配衬裙边等）
9	钩边纱	腈纶（Acrylic）74%，羊毛（Wool）13%，锦纶（Nylon）13%		呈扁带状，属粗针线，适合手工棒针或钩针编织	通过钩边线的收缩，扁带纱易形成波浪效果，立体感强，针织物表面效果很丰富		采用简约款式就能呈现丰富的效果，切忌过于夸张的设计，适合编织围巾或做装饰（配衬裙边等）
					单面平针组织，极富立体感，且质轻、手感柔软		织物表面效果很丰富，适合简单款式

续表

序号	纱线品种	纱线成分	图片实例	纱线特色	适合的织物组织	适合的织物组织图片	建议开发的产品
10	冰岛纱	腈纶（Acrylic）85%，羊毛（Wool）10%，山羊绒（Cashmere）5%		毛纱质地轻柔软，属粗针线，适合针号为 E5 的针织机织造	此毛料有5%山羊绒，且为粗针纱，毛料质地轻盈柔软，可采用具有立体感的花纹组织，例如，打花、半畦编、底面针，应当加强后整理，使手感丰糯柔软		适合做少女套头衫等
11	冰岛毛	羊毛（Wool）100%		混有少量白色绒毛，蓬松柔软，属粗针线，适合针号为 E3 的针织机织造	毛纱适宜采用简洁的单面平针组织，既可显现毛纱特色，又不会使衣片过于厚重		适合做自然、休闲的外套
					采用铲针组织① 以增添卡通感和动感，此毛料不宜织得太紧密或采用双面组织，会显得过于厚重		

序号	纱线品种	纱线成分	图片实例	纱线特色	适合的织物组织	适合的织物组织图片	建议开发的产品
12	圆带羽毛	腈纶（Acrylic）50%，锦纶（Nylon）17%，羊驼（Alpaca）12%，羊毛（Wool）21%		蓬松柔软，有较强的毛绒感，属粗针线，适合针号为E3的针织机织造	此毛料很有毛绒感，织片几乎看不见组织纹路，所以较适合单面平针组织，也可配合手绣等装饰手法，或利用毛料的毛绒感，做成仿流苏效果，外观靓丽时尚		适合设计时尚的女装外套
13	珠片纱	腈纶（Acrylic）54%，马海毛（Mohair）3%，涤纶（Polyester）8%，薄片（Flake）5%，锦纶（Nylon）23%，羊毛（Wool）7%		蓬松柔软，毛感较强，夹亮片，属粗针线，适合棒针或钩针	此毛料很有毛绒感，且夹带闪亮的珠片，单面平针组织有立体感、织物柔和舒适，如果想珠片若隐若现，可采用拼纱编织或加入丝带		适合设计宽阔女士外套
14	起毛纱	腈纶（Acrylic）85%，羊毛（Wool）15%		纱线呈粗细和色彩渐变，纱线结构不稳定，粗细差别较大，不利于织片和衫片控制不同衣片会有不同效果，属粗针线，适合针号为E5的针织机织造	纱线特色较多，且不易控制，单面平针组织是基本的体现方法，但是衣片容易出现尺寸不稳定、宽窄不一的情况 而罗纹组织较容易展示纱线特色，且衣片的宽窄较一致		适合编织帽子、围巾等服饰品，也适合做飘逸感强的时装 适合编织休闲、简约的宽松毛衫

序号	纱线品种	纱线成分	图片实例	纱线特色	适合的织物组织	适合的织物组织图片	建议开发的产品
15	包缠纱	腈纶（Acrylic）54%，羊毛（Wool）46%		纱芯与包缠纱色彩质地不一，有较强的绒感，属粗针线，适合棒针编织	反底做面，采用单面平针组织、疏结字码组织、大型扭绳组织、令线圈有立体感，且色彩更丰富、美妙		适合制作男装外套
16	包芯纱	锦纶（Nylon）20%，涤纶（Polyester）28%，人造丝（Rayon）52%		略有弹性，有花白色效应，蓬松柔软，属细针线，1条纱线适合针号为 E12 的针织机织造	毛料细腻朴实，增加立体感，撞色效应赋予织物趣味性和视觉审美，适合的组织有罗纹、扭绳、挑孔、全畦编、搬针、撞色拔花和撞色缝线		因毛料有20%锦纶，适合做修身的女装，亦适合做简约的衣饰，花纹设计可用在局部
17	包芯纱	锦纶（Nylon）24%，人造丝（Rayon）76%		纱线具有亮丽的光泽，手感较柔软，有悬垂效果，1条纱线适合针号为 E12 或 14 的针织机织造	细小罗纹组织与扭绳组织细腻精致，含蓄高贵，利用缝制工艺打造特殊效果，或是加钻珠装饰，更显光亮感，富有青春活力		此料光泽度好适合女装，织片尽量简单，重在表现毛质的光鲜效果

序号	纱线品种	纱线成分	图片实例	纱线特色	适合的织物组织	适合的织物组织图片	建议开发的产品
18	强捻纱	棉（Cotton）89%，涤纶（Polyester）11%		纱线手感较硬，夹有色丝，1条毛适合针号为 E9 的针织机织造	因毛料质地硬挺，适合利用组织的回应力塑造独具特色的立体效果，可采用扭绳、挑孔、双反面平针组织		此毛料适合做一些立体织法的款式
19	A/B纱夹花纱	棉（Cotton）60%，腈纶（Acrylic）40%		呈混色效应，手感柔软，属粗针线，1条毛适合针号为 E7 的针织机织造	单面平针组织可以直接表现色线原有特色，正反面组织能使纱线色彩均匀分布，扭绳组织可增加不同的视觉色差感，半畦编组织能增加织物立体感并衬托两色的色彩		此毛料适合采用简单织法，夹花纱不宜做罗纹半空气层、四平、罗纹空气层、挑花之类的组织，混色后较难体现细致的花纹和肌理，不要采用太花哨夸张的款式
20	段染纱	棉（Cotton）100%		段染纱，弹性小，属粗针线，1条毛适合针号为 E7 的针织机织造	单面平针组织是体现段染纱风格的最基本组织，不同的组织能令段染效果截然不同，疏结字码赋予段染 3D 感，罗纹半空气层组织令段染效果均匀，挑孔菱形组织令段染效果明显，半畦编组织可增加立体效果和色彩感		此纱风格应采用简单的平针组织，因色彩已是设计的重点，故不必锦上添花在衫身组织上花工夫

①铲针组织：编织时将部分织针停织的一种织物组织，常用于膊斜与领窝处，也可加入其他颜色的纱线产生图案效果。

案例2. 英国伦敦艺术大学切尔西学院学生毕业设计

本案例引入的是留学生的作品，目的是了解、学习世界著名学府"面料设计"专业的学生是如何处理纱线与针织面料之间的设计关系。

（1）毕业设计说明：毕业设计的初期是制定主题，每个学生根据自己的意愿寻找设计方向。本案例中作品的设计是从天然素材开始着手的，设计者以"回归"作为设计主题。

（2）毕业设计的过程：

①灵感来源：在针织面料设计中，采用最基本的染、编、织的方法，突出设计主题，并用文字、图片、拼贴等视觉日记的形式和手段记录每天的想法。

②探索和执行：设计者尝试各种方法，力求实现"消去——抹去"的"回归"设计主题，图1-2-25~图1-2-28为设计者反复实践、创造的各种面料。

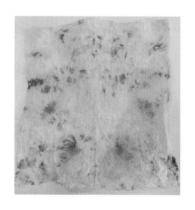

图1-2-25　通过涂擦后的染色布片

图1-2-26　水溶性纤维线与美利奴羊毛混合编织后放入热水中搓洗后的效果

图1-2-27　将细锦纶线与羊毛合股编织后锦纶线受热后变样的效果

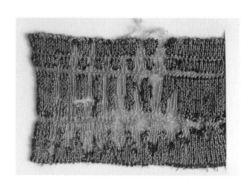

图1-2-28　利用化学试剂消融部分天然纤维后的效果

（3）项目成果：整个毕业作品的创作过程就是不断构思、制作和舍弃的过程，前面的不断舍弃是为了获得较符合主题、较好的效果。设计者始终不满意之前的尝试，因此重新调整了创作路线，具体流程参见图1-2-29。最终的设计作品成果参见图1-2-30～图1-2-32。

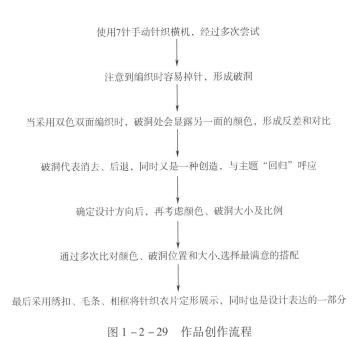

使用7针手动针织横机，经过多次尝试

↓

注意到编织时容易掉针，形成破洞

↓

当采用双色双面编织时，破洞处会显露另一面的颜色，形成反差和对比

↓

破洞代表消去、后退，同时又是一种创造，与主题"回归"呼应

↓

确定设计方向后，再考虑颜色、破洞大小及比例

↓

通过多次比对颜色、破洞位置和大小，选择最满意的搭配

↓

最后采用绣扣、毛条、相框将针织衣片定形展示，同时也是设计表达的一部分

图1-2-29 作品创作流程

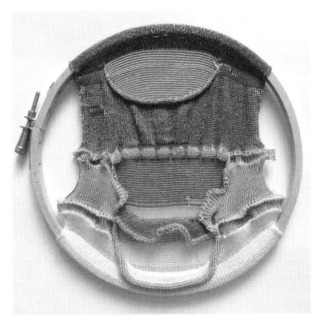

图1-2-30 布绷与编织样

图 1 - 2 - 31　老相框、毛条与编织样

图 1 - 2 - 32　相框、毛条与编织样

（五）纱线和横机针号（称机号）的编织关系

1. 横机针号

横机，是一种织机，其"针号"是指针床上的针距，即针床上 2.54cm（1 英寸）内所具有的织针数。"机号"通常是美式的针号用词。针号或机号的数值会写为 $E12$，称为 12 针，常用的横机针号为 $E3\frac{1}{2}$、$E5$、$E7$、$E9$、$E12$。E 代表针号的大小，如 $E5$ 表示 2.54cm 内有 5 支织针，$E7$ 则表示 2.54cm 内有 7 支织针，以此类推。也就是说，数字越大，2.54cm 内的针数越多，织针越细，织出的线圈也越细，织物密度越大。针号与使用纱线支数（或称粗细）的关系，可参见表 1 - 2 - 2。

表 1 – 2 – 2　针号与使用纱线支数（公支）的关系

针号	最细支数（公支）	最粗支数（公支）	平均支数（公支）
$E3\frac{1}{2}$	1/2. 45	1/1. 53	1/1. 88
E5	1/5	1/2. 77	1/3. 57
E7	1/9. 8	1/5. 44	1/7
E9	1/10. 13	1/7. 36	1/8. 5
E12	1/18	1/13	1/15

2. 纱线支数系统的定义与应用范围

纱线的支数系统表示的是纱线粗细的单位，不同针号的横机应采用不同粗细的纱线进行编织。纱线的细度有多种表示方法，常用的有公制支数（公支）、英制支数（英支）、旦尼尔（旦）、特克斯（tex）四种单位，其中公制支数是国际单位制单位。

（1）公制支数：

①定义：是指在公定回潮率时每克纱线的长度米数，用 $Nm = L/G$ 表示，Nm 是公制支数的符号，单位为公支。例如，2g 的纱线长度为 30m，则细度为 30m/2g = 15 公支。

②应用范围：用于毛纺及毛型化纤纯纺、混纺纱线。例如，28 公支/3，100% 羊毛，表示由 3 股 28 公支 100% 羊毛单纱合成的股线（图 1 – 2 – 33），则股线的总支数为：28 公支/3 = 9.3 公支。

图 1 – 2 – 33　三股单纱

（2）英制支数：

①定义：是指在公定回潮率时，1 磅纱线所具有的长度（码数）为 840 码的倍数，用 Ne = 码数（Yard）/磅（Lb）表示，Ne 是英制支数的符号，单位为英支。例如，0. 5 磅的纱线长度为 8400 码，则细度为 8400 码/0. 5 磅/840 = 20 英支。

②应用范围：应用于棉纱和大部分混纺棉纱类，如腈纶棉或苎麻棉纱等。例如，20 英支/2，100% 棉，表示由双股 20 英支 100% 棉单纱合成的股线，则股线的总支数为 20 英支/2 = 10 英支。

（3）旦尼尔：

①定义：是指 9000m 长的纱线在公定回潮率时的重量克数，用 $Nd = 9000 \times g /m$ 表示，Nd 是纤度的符号，单位为旦。例如，3000m 长的纱线重量为 25g，则细度为 9000m × 25g/3000m = 75 旦。

②应用范围：应用于大部分长丝纱类，如蚕丝、黏胶纤维、涤纶、锦纶等。例如，$\frac{70旦}{2}$

100%锦纶，表示由双股70旦100%锦纶单丝合成的股线。

（4）特克斯：

①定义：是指1000m长的纱线在公定回潮率时的重量克数，用 $Tt = \dfrac{G \times 1000}{L}$ 表示，Tt是线密度的符号，单位为tex。例如，500m长的纱线重量为10g，则细度为1000m×10g/500m = 20tex。此外，有时也用分特数作单位，它等于特数的十分之一，即：dtex = 0.1tex。

②应用范围：应用于大部分机织纱线。例如，20tex×2，70%涤纶30%棉，表示由双股20tex 70%涤纶30%棉单纱合成的股线，则股线的总支数为2×20 = 40tex。

3. 纱线支数系统相互的转换关系

（1）共性：

①定重制：包括公制支数和英制支数两种单位，它们的共同性质为：都是应用于所有短纤纱；都是以单位重量比长度，即恒重变长；支数越高，纱线越细；反之，支数越低，纱线越粗。

②定长制：包括旦尼尔和特克斯两种单位，它们的共同性质为：都是以单位长度比重量，即恒长变重；数值越高，纱线越粗；反之，数值越低，纱线越细。

（2）单位换算因数：

$$公支^{●} = 1.693 \times 英支$$

$$公支^{●} = 9000/旦$$

①20英支/2 100%棉转为公支：（20×1.693）/2 = 34/2公支。

②37.5公支100%麻转为旦：1/（9000/37.5）= 1/240旦。

4. 纱线的支数系统计算案例

（1）针织套衫以a纱32英支/2 100%棉和b纱84旦85%锦纶15%莱卡的合股线织成，计算：

①组成纱线的总支数？

②适合用多大针号的针织机编织？

③针织套衫的纤维含量？

解答：

①总支数（公支）：

a纱：2/32英支 = 1/16英支 = 1/（16×1.693）公支 = 1/27公支 = 0.037g/m。

b纱：1/84旦 = 1/（9000/84）公支 = 1/107公支 = 0.0093g/m。

a纱 + b纱 = 0.037g/m + 0.0093g/m = 0.0463g/m。

总支数 = 1/0.0463g/m = 21.6g/m = 1/21.6公支。

● 本书中表示纱线细度的单位采用"公支"，它与单位"特克斯"间的换算关系为：特克斯数 = $\dfrac{1000}{公制支数}$。

②根据表 1 - 2 - 2 所示，1/21.6 公支适合用比 12 针机更细的织机编织。

③组成纱线的纤维含量：

a 纱：2/32 英支 100% 棉 = 0.037/0.0463 = 80%。

b 纱：84 旦 85% 锦纶 15% 莱卡。

锦纶：0.0093 × 85%/0.0463 = 17%。

莱卡：0.0093 × 15%/0.0463 = 3%。

针织套衫纤维含量为 80% 棉、17% 锦纶、3% 莱卡。

（2）夹纱以 a 纱 2.2 公支/1 60% 棉 40% 腈纶和两条 b 纱 30 英支/2 100% 棉合股织成，计算：

①组成纱线的总支数？

②适合用几针机编织？

③夹纱后的纤维含量？

解答：

① 总支数（公支）：

a 纱：2.2 公支 = 2.2m/g，相当于 1/2.2 g/m = 0.4545g/m

b 纱：2/30 英支 = 1/15 英支，相当于 1/（15 × 1.693）公支 = 0.0394g/m

两条 2/30 英支的 b 纱支数为 0.0394 × 2 = 0.0788g/m

a 纱 + b 纱 = 0.4545 + 0.0788 = 0.5333g/m

总支数 = 1/0.5333 = 1.9（公支）

②根据表 1 - 2 - 2 所示，1.9 公支适合用 $3\frac{1}{2}$ 针的机号编织。

③组成纱线的纤维含量：

棉：（0.4545 × 60% + 0.0788）/0.5333 = 66%

腈纶：0.4545 × 40%/0.5333 = 34%

夹纱支数成分：1/1.9 公支 66% 棉 34% 腈纶。

第三节　针织毛衫从缝合到成衣的流程概况

针织毛衫从缝合到成衣的流程包括缝合、洗水、熨衣和后整理等工序，具体如下。

一、缝合

（一）机缝

1. 缝合机缝合

衫片缝合主要用缝合机（图1-3-1），缝合机的针号规格是以环绕针盘圆周的2.54cm（1英寸）针数多少来量度的，缝合机针号需要配合编织衫片的横机针号使用，常用的有 E6、E8、E10、E16 等，而 E18~E24 则是用于缝合一些比较精细和高档的产品。因此针号越高，1英寸内的针数越多，缝合衫片的纱线越细。各针号织片与缝合机的对应关系参见表1-3-1。

图1-3-1　缝合机

表1-3-1　横机针号与缝合机针号对应关系

横机针号	缝合机针号
E3.5	E6
E5	E6 或 E8
E7	E8
E9	E10
E12	E16

缝合机缝合简称缝合，是由具备熟练技术的缝合工人进行的一项手作工艺，广泛用于制造成形针织毛衫服装。缝合机是以链式线步把两幅或多幅织片缝合在一起，缝制整齐、稳固而不会减弱缝合织片弹性的方式。

2. 缝合机缝合步骤

现在常用的单线缝合机用于单链线步的缝合制作。缝针及线钩是形成线圈或编链的组件，缝针在针盘的外侧运作而线钩则在针盘的内侧运作，编链作用是由线钩与缝针作出的复合动作所致，具体见缝合步骤图1-3-2所示。

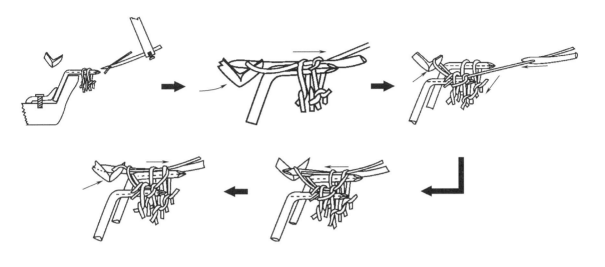

图1-3-2　缝合步骤

（二）手工

1. 拆纱和修线

（1）拆纱：就是将毛衫上多余的间纱拆除。为辅助缝合工将织片的线圈套到缝盆的针盆上，通常会在套针的线圈横列前后备置少量额外的编织横列，又称握持横列、纱口或拆纱横列，一般会在缝合后用手工从织片剪去或拆散脱除。

（2）修线：织物的线尾和缝合的缝线线尾不可随便剪去，因为这会造成织物或缝合散脱，而是采用修线将缝线口或其他线口用织针和手针收藏妥当。

2. 手缝

针织毛衫有很多的部位是机器缝合不到的，更因外形要求美观，故必须用手工接合，这部分的工序称为手缝或挑撞。例如，领口贴边（领贴）界面处、V领的领口贴边、开衫门襟（开胸衫直贴）的收口处、袋口处横贴边，或各处收口位置等，这些都需要手缝完成。手缝工艺主要有：

（1）挑针（又称对针）：连接分幅织片的边与边，构成平滑、紧密、几乎不显眼的接缝（图1-3-3）。操作时，针线交替着，在两织片之间的线圈上形成一行线步，接合的缝边针步数量相等又整齐。缝合时，要注意将针线拉紧，保证接缝处的紧密度。

（2）撞针（又称接驳）：是分幅织片横向连接的方法，能使接缝平滑，具有弹性，撞针两边必须有同等的线圈做共编（图1-3-4）。

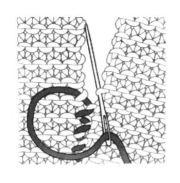

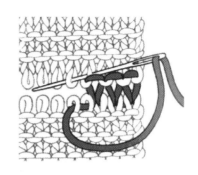

图 1 - 3 - 3　挑针　　　　　　　　　　　图 1 - 3 - 4　撞针

（3）切针：是把两片横向和纵向不同线圈纹路的织物连接在一起的针法（图 1 - 3 - 5）。

二、洗水

洗水是毛衫生产过程中重要的工序，使针织毛衫产品获得稳定的尺寸和手感效果。洗水中应控制的主要因素在于洗涤工序、洗料，甚至是水质问题。洗水的目的有：除污、预缩、提升手感。

（一）洗水的目的

1. 除污

除污是洗水目的之一。污垢分为三大类，要了解不同种类的污垢及其清除方法，才能有效安全地达到除污目的（表 1 - 3 - 2）。

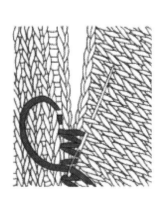

图 1 - 3 - 5　切针

表 1 - 3 - 2　不同种类的污垢及清除方法

种类	污垢	清除方法
水溶性	酱油渍、茶渍、咖啡渍、果汁、酒类渍、血迹等	可用水清洗
	毛屑、灰尘	毛屑和灰尘因静电黏附在织物上，通过洗水使静电消失，去除尘屑
油溶性	笔渍、机油、漆油、药膏、化妆品、乳品等	必须使用有机溶剂或洗洁剂
不溶性	锈渍、墨汁、香水、口香糖、油烟等难去除的污渍	可使用洗涤剂、肥皂、化学药品等洗涤，洗前应轻轻擦拭；另外可利用加热的方法，借助机械搅拌作用使污渍脱落并悬浮在水液中，在过水时去除

2. 预缩

预缩是洗水目的之二。先做预缩处理，能保证衣物尺寸的稳定性。进行预缩应注意亲水性纤维（如天然纤维）吸收水分会膨胀至相当程度，从而导致织物尺寸缩短；而吸水量少的疏水性纤维（如合成纤维）则膨胀较少，缩水亦较少。

3. 提升手感

提升手感是洗水目的之三。任何洗剂都有赋予纤维柔软的性质，洗剂分子的疏水性和亲水性之间的平衡若偏向疏水方面，则柔软作用就越大，可以提升手感。但这是不够的，还需借助于柔软剂。因为柔软剂一方面与纤维结合可产生柔软效果；另一方面，在一定的条件下又可将脂肪沉积在纤维上。但在柔软过程中，需密切注意下述三点：

（1）不能使用太多柔软剂，通常用洗水毛衫重量的 3.5% 已经足够，因为过多柔软剂会附在纤维上，烘干后会形成胶状薄膜，反而令纤维变硬。

（2）阳离子柔软剂有较佳的柔软效果，但它对染色也有破坏作用，当染色牢度不足时，就要改用其他柔软剂，如阴离子柔软剂或非离子柔软剂。

（3）染色牢度不足的间色衣物，最好不使用任何柔软剂以避免互染现象出现。一般的毛衫都可以进行洗水处理，要掌握各种织物纤维的洗涤性能及其适用的清洁剂、助剂、水质、浴比、时间、温度以及作业的方法，从而把握好毛衫的水洗效果和洁净程度。洗涤不能只求织物表面效果，还要顾及纤维损伤、色牢度、破裂强度等状况，以免影响衣物日后穿着的观感、耐洗和耐穿等质量问题。

（二）洗剂的使用

1. 天然纤维洗剂的选择方法

动物纤维的蛋白质基对酸较稳定，但对碱却是非常敏感。使用碱性洗剂洗涤，蛋白质纤维的表面会变得粗糙，光泽可能会失去，因此动物纤维进行洗水应尽量使用弱碱性洗剂或中性洗剂。

植物纤维的纤维素基对碱较适应，但易被强酸分解，洗水时，使用碱性洗剂或中性洗剂较为适合。

2. 人造纤维洗剂的选择方法

人造纤维对于稀释的酸和碱都相当稳定，只有对碱颇为敏感的纤维素醋纤除外。故人造纤维除了强酸或强碱，一般的酸碱洗剂都可使用，不过为使染色更有光泽，一般应采用弱酸性洗剂或中性洗剂。

（三）洗衣设备

1. 洗衣机

工业洗衣机多为滚筒式洗衣机（图 1 - 3 - 6），又称欧洲式洗衣机，它是利用筒内横置龙骨带动衣物上升，然后因地心吸力及水流冲击原理进行洗涤，洗毛衫用的滚筒式洗衣机多为半自动机。

2. 脱水机

工业用的脱水机为高速脱水机（图 1 - 3 - 7），其转速高达每分钟 1200 转，高速脱水时

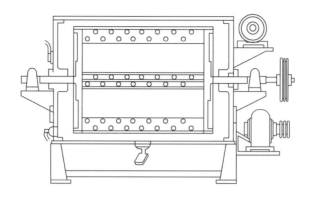

图 1 - 3 - 6   滚筒式洗衣机

运转 4 分钟。脱水机转速越高，衣物含水率也较少，随后晾干的时间减少，对衣物纤维损害也较少。

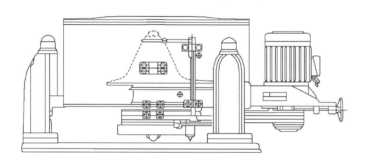

图 1 - 3 - 7   高速脱水机

3. 干衣机

（1）电力发热干衣机：它是用电力将发热管发热，将热力输进机内进行干衣。电力发热可用温度调解器控制其温度。

（2）蒸汽发热干衣机：利用锅炉内蒸汽通过管道，输送至干衣机顶部一排中空管令其发热，机筒滚动时将热力带进机内进行干衣（图 1 - 3 - 8）。

（四）洗水条件

1. 水质

工业用水一般为硬水，所谓"硬水"是指含有较多可溶性钙、镁化合物的水。硬水并不对健康造成直接危害，但在洗涤时，会导致器具上结水垢，肥皂和清洁剂的洗涤效率减低等。水中的含钙、镁的盐类是一种不容易溶于水的物质，其中的钙与镁离子会与洗剂起化学作用，生成不溶性

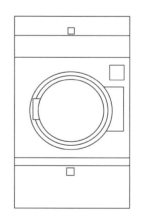

图 1 - 3 - 8   蒸汽发热干衣机

的碳酸钙与碳酸镁，从而令洗涤作用因洗剂被吸收而降低直至消失，因此硬水是会对成品产生不良影响，具体反映在以下方面：

（1）手感差。

（2）干衣后成品容易变黄。

（3）妨碍油渍及污渍消除。

（4）减少洗水时泡沫，衣物不易被洗净，并降低针织物起毛效果。

一般情形下，在水中加入一些六偏磷酸钠会对水的软硬度有所改善，当前常用软水剂为离子交换树脂。

2. 洗剂

肥皂和洗涤剂是主要的清洁剂，作用是帮助污渍从织物上脱离并防止悬浮污渍在织物上再度沉积，可以在后续清洗过程中一并冲洗除去。洗剂主要分为：

（1）纯碱：水溶液呈碱性，它能软化硬水，增强肥皂的乳化能力，防止肥皂水解，但如果使用时用量过多，易令羊毛纤维受到破坏，令织物手感变得粗糙，颜色发黄。

（2）氨水：水溶液呈弱碱性，它的碱性较纯碱温和，利于油脂皂化和乳化，加强洗涤功能。但氨水的稳定性较差，因此在洗水时建议与肥皂配合使用，这样对羊毛的损害较小。

酸碱度用 pH 表示，pH = 1 ~ 6 是酸性范围，pH1 是强酸，随着 pH 数值的增大，酸性渐减弱，到达 pH5 时是接近中性的弱酸。pH = 8 ~ 14 为碱性范围，随着 pH 数值的增大，碱性也渐加强，直至强碱 pH14 为止。pH = 6 ~ 8，通常代表中性。要分析洗液的酸、碱值并不困难，只需看石蕊试纸上的颜色变化便可知晓。

选用适当和适量的洗剂至为重要，缺量和过量使用，不仅不能达到效果，甚至会影响手感和色泽。为提高清洁剂的效果，可在洗涤过程中加进适用的助剂，如柔软剂、硅油等。

（五）洗水过程中的注意事项

1. 浴比

洗水过程中特别重要的是要掌握好浴比，浴比是指水的用量（升）与毛衫的总重量（公斤）之间的比例。浴比影响到洗水过程中的机械强度，浴比越低，机械强度越大；浴比越大，机械强度越小，洗水效果会较好，洗涤后毛衫会更加蓬松、干净。通常浴比在 20：1 至 30：1 之间为最佳。

2. 洗水溶液的温度

在大多数情形下，增加温度能提高洗水效果，但部分洗剂由于分子结构的特殊性，温度太高，它们的洗涤作用反而会降低。在对纺织纤维洗水时，特别是蛋白质纤维，不能高温处理，因为这样会导致纤维损伤，如羊毛织物高温处理，会产生严重毡化及溶解。另外，在洗涤色牢度不好的纤维衣物时，也应尽量避免高温洗水。

3. 洗水时间

洗水时间取决于纤维的种类、沾污程度和客户要求的效果。太长时间洗水几乎是不良的，不仅不能提高洗水效果，反而会导致纤维的机械损伤，增加纤维织物的破裂程度。

4. 起泡

起泡对于洗液的洗水作用只有次要的意义。洗水中，往往根据起泡的多少来判断是否有足够的洗剂。在一定的条件下，泡沫能促使较大的油污粒子及毛碎浮起，并加予包围，防止油污及污渍重新沉淀，将油污及污渍从洗水机的边缘溢出或脱水时将它们除去。但间色衣物在洗水时最好设法尽快将泡沫除去，因泡沫很可能会引起织物串色的现象，这种情况会影响织物的外观。

5. 机械作用

利用机械作用，洗液的冲击及衣物之间相互的摩擦作用能增强洗涤作用，因为机械冲击作用能促进湿润的污垢迅速从纤维上脱落，分离清除。但必须注意，转速越高，机械的作用越强，对纤维的损伤越大，适当的转速更能达到良好的洗水效果，如每分钟转筒转动 54～65 次。

6. 固色

织物上染料有许多颜色，如大红、军蓝、黑色等，当染料在布料上不具有足够的稳定性就会造成褪色，染料的深色部分容易从湿的材料上转移到白色或其他较浅的颜色上，这种现象对于间色和提花织物特别容易出现。这种情形下，采用色牢度高的染料，往往价格较昂贵，有时对于织物的用途和价值是不相称的。另外，即使采用色牢度高的染料，有时也会因织物在着色后急剧降温或织物着色后未将纤维表面的浮色用清水彻底清除，也会出现严重脱色的现象。因此，固色就显得尤为重要。

一般固色工序是额外的工序，大多针对纤维素纤维及其与毛纤维混纺织物，它属阳离子化合物，多为无色液体，能加强染料的牢度，并防止多余的水解染料降低织物的湿牢度，防止织物互相串色，破坏织物外观，可与树脂及各种洗剂或阳离子洗剂同时使用。固色方法应注意事项：

（1）操作时，避免使用碱油及柔软剂。

（2）固色粉或固色油用量不能太多，因为使用太多固色化学品易导致深色的色泽暗淡、白色变黄，织物失去丰满手感而变得削身。

（3）浴比要较正常洗涤的浴比大，在洗衣机内尽量给予织物较多空间。

（4）最后一次洗水中，最好能加入合适的洗剂以帮助多色织物在脱水时避免互相沾色。

三、熨衣

（一）熨烫的目的

针织毛衫熨烫是为了四个目的：去除洗后折皱使织物表面平挺光滑；确保产品符合预期设计的形状；确保产品符合预期码数的尺寸；改善产品的手感和外观。

（二）熨烫设备

1. 手持式熨斗

手持式熨斗是简易使用的熨衣工具。常用的是由锅炉供汽的蒸汽熨斗，配合木制熨衣板（将其套入衣物）一起使用。只有面料采用耐热纤维且为浅色才可压熨，一般熨斗不宜直接接触织物的表面，要在距离织物表面大约 1cm 处进行蒸汽熨烫，避免衣物变色。

熨烫是透过蒸汽热力使纤维分子整齐排列，由于水分受热时会从液态变成气态，使用抽湿熨床则可以把湿气抽走，避免织物冷却后蒸汽变回水分，造成湿腻和纤维分子回复不稳定状态，产生新折皱。

2. 台式整烫机

台式整烫机又称整烫夹机。衣物平放在熨床上，蒸汽从熨床喷出，稍后抽气装置启动，迅速吸取织物中的湿气，使衣物完成整烫后随即冷却下来，完成定形。衣物如果要固定尺寸，则需先套入预制的铁架，而非使用配合手持式熨斗整烫的木制熨板。台式整烫机能够给予衣物更好的蓬松感，同时，亦可使每件制品之间的整烫质量较好地保持一致性。

台式整烫机可以把温度控制在 90~130℃ 的范围（依据蒸汽压力而定），将设备的上盖拉下覆盖衣物进行压烫，顶部的压力会有每平方米 0~20 千牛顿，可使衣物定形稳固。

四、其他后整理

（一）开纽孔及钉纽

开纽孔机器的运行会以锁式或链式线步为基础，纽孔大小和形状会有很大的差异，但每次切割都会在运线完成后进行。

纽的号数通常会以"号"（每 1/40 英寸为 1 号）表示。18~40 号纽普遍用于针织套衫。

（二）缝纫

缝纫主要用于缝上标签、丝带和成形针织衣物的机织衬里等，其中，锁式线缝由面线和底线构成，并在织片中间连锁缝合，织片的两面有相同的外观，因此，在制成的衣服上几乎不显露线迹。

（三）标签

针织毛衫必须附上主标（又称商标、主唛）、尺码标和质量说明标（又称成分标），以提供品牌、尺寸、商品的纤维及其含量、洗涤护理方法，以供消费者参照。

主标可以机缝，亦可手缝，方法：用缝纫机缝上主标的两侧或主标的顶部，或用手钉主标顶部两角或四角。

（四）补衣

补衣是由熟练工手工修补衣服上疵点的工序，如缝缀。在初期的织片查验阶段为补织片；针织衣物经缝合和准备洗烫前的中期查验阶段的补衣为补洗水；制成产品的后期查验阶段的补衣为补包装。

（五）包装

包装包括包衫和装箱两部分。

包衫是把质量合格、可以交付的产品折叠好并装入胶袋，对于有纽扣和附加配料的款式，必须要用加厚拷贝纸夹在毛衫内，以免被压后留下印迹。

装箱是产品经验针机检针后，根据买家要求的颜色和件数分配，装在纸箱内。

（六）查验

查验主要分为三个阶段，每个阶段都将有问题的产品作出修补或拣除，以确保产品均具有良好质量：

（1）查织片：查织片是查验织片规格、外观和织疵。如果所查织片破损至不能修补的程度，则要退回织机部门，拆片重织。

（2）查洗水：查洗水是查验制成衣物在洗烫前的手工情况及有无破损。洗水后，衣物中的线圈会缩细或起毛，在洗水前，未经修补的破损会在洗水后扩大，从而造成修补困难。

（3）查包装：查包装是在产品完成预备包装之前进行查验和复检，倘若发现尚有疵品，会作最后修补。

练习题

计算以下毛衫用纱线组合的总公制支数、适用针号及成分比例。

（1）a 纱 300 旦/1 100%人造丝 ＋ b 纱 84 旦/1 85%锦纶 15%莱卡合股织成。

（2）a 纱 32 英支/2 100%棉 ＋ b 纱 84 旦/1 85%锦纶 15%莱卡合股织成。

（3）a 纱 75 公支/1 100%涤纶 ＋ b 纱 32 英支/2 100%棉合股织成。

（4）a 纱 60 公支/2 100%丝 ＋ b 纱 84 旦/1 85%锦纶 15%莱卡合股织成。

（5）a 纱 4.5 公支/1 100%腈纶 ＋ b 纱 32 英支/2 100%棉合股织成。

第二章　技术篇
——编织技术

专业技能——

课程名称： 技术篇——编织技术

课程时间： 24 课时

课程内容： 编织技术

　　　　　工艺单

训练目的： 1. 通过实例，让学生充分了解针织毛衫组织性能，为后续设计服装提供技术支持。

　　　　　2. 通过实例，让学生了解针织毛衫成形编织的基本方法和工艺步骤，进而实现毛衫服装的成形编织。

　　　　　3. 掌握工艺单的编写要领。

教学方法： 教师讲授、示范与学生实训相结合。

第一节　编织技术

　　针织毛衫设计一般从纱线编织衫片开始，毛衫想要取得良好的服用效果和经济价值，就要充分发挥面料本身的性能和特色，这是重要的途径之一（图2-1-1）。所以掌握针织组织结构设计的方法和技巧，熟悉编织技术，是做好针织毛衫设计的前提。

图2-1-1　设计的面料用于针织毛衫开发

一、针织物分类与表示方法

（一）针织物的基本类别

　　（1）经编：属于针织领域的一种纺织工艺，即利用经纱纵行成圈相互连结成织物的方法，其形成的针织物称为经编织物。经编织物较为扁平、紧密，极少纵向脱散（图2-1-2）。

　　（2）纬编：是纱线按编织物幅宽以纬向顺序编成线圈并相互串套形成织物的方法（图2-1-3）。由于针织毛衫多采用纬编织成，因此，本书设计与制作实例多以纬编编织为主。

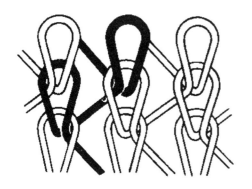

图 2 - 1 - 2　经编线圈组织结构

图 2 - 1 - 3　纬编线圈组织结构

（3）经圈：是串联的线圈循纵向相互串套为"线圈纵行"（图 2 - 1 - 4）。

（4）纬圈：是线圈循横向相互串套为"线圈横列"，一转等于两横列（图 2 - 1 - 5）。

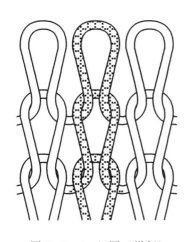

图 2 - 1 - 4　经圈（纵行）

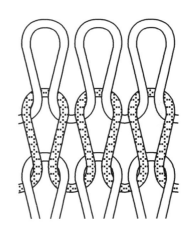

图 2 - 1 - 5　纬圈（横列）

（5）针步：是所有针织织物最小的单元结构，包括与另一线圈或其他针步相互串套在一起的线圈。成圈、集圈、空编（又称略编或不织）为三种基本编织针步，构成纬编结构的基础（图 2 - 1 - 6）。

成圈　　　　集圈　　　　空编

图 2 - 1 - 6　三种基本编织针步

（6）成圈：在针织机上用织针和其他成圈机件使纱线形成线圈的过程。面针针步呈 V 形外观，这是由于针杆在上，而其底部在前列针步头顶之下；底针针步呈半圆形外观，这是由于针杆在下，而底部在前列针步头顶之上（图2-1-7）。

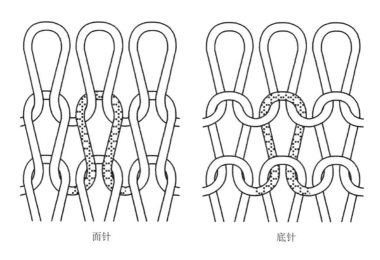

面针　　　　　　　　　　　底针

图2-1-7　面针与底针线圈

（7）集圈（又称打花、含针）：当织针升起提取新线圈时没有脱圈，当中包括延圈（握持、拉长线圈）和集圈线弧，两者相互串套在同一横列，这就是集圈（图2-1-8）。

（8）空编：一段不被织针提取的纱线，连接着两个在同一横列并不相邻的纵行线圈。浮线在底，称为滑针；浮线在面，则称为浮针（图2-1-9）。

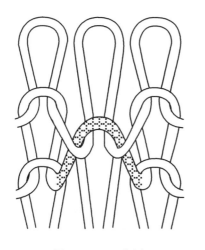

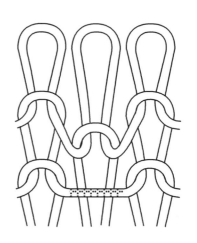

图2-1-8　集圈　　　　　　　　图2-1-9　空编

（二）编织图

编织图是用来解析毛衫编织原理的，分为线圈图、线路图和意匠图。线圈图表示针步或针迹的编织原理（图2-1-10）。线路图表示织针布局及编织原理（图2-1-11）。意匠图表示织物组织结构的编织种类（表2-1）。

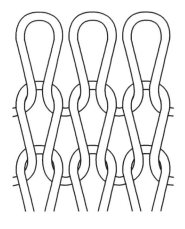

图 2 - 1 - 10　线圈图

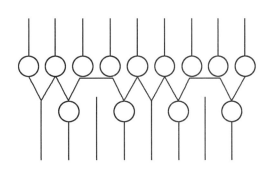

图 2 - 1 - 11　线路图

表 2 - 1　意匠图

I	面针 Knit（Technical Face）	—	底针 Purl（Technical Back）
∩	集圈（打花、含针）（Tuck）	O	空针（铲针）［Miss（Non - knit）］
⊕	面织底空（Face Knit/Back Skip）	⊖	面空底织（Face Skip/Back Knit）
⋒	面织底含（Face Khit/Back Tuck）	A	面含底织（Face Tuck/Back Knit）
+	密针（Full Needle）		

二、基础编织结构与基础编织技术

（一）横机机头成圈主要部件

图 2 - 1 - 12 为横机机头内侧成圈主要部件示意图，用阿拉伯数字代表主要部件名称，便于叙述毛衫组织结构编织技术、操作方法和成圈原理。

（二）毛衫常用组织结构与编织技术

毛衫类服装外观的变化主要是通过组织结构变化来实现的，再辅以编织材料的变化，就可以实现千变万化的毛衫服饰设计。组织结构不仅影响到毛衫服装的整体效果和风格，而且对毛衫的弹性、保暖性，甚至生产效率都具有较大的影响。因此，了解和掌握针织

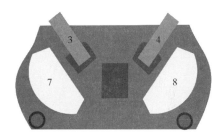
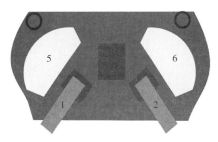

图 2 - 1 - 12　成圈主要部件示意图

1，2—前机头的编织菱角　3，4—后机头的编织菱角

5，6—前机头的字码蝴蝶　7，8—后机头的字码蝴蝶

物组织结构不仅关系设计及实用性，而且也有利于生产和管理。针织毛衫常用的组织结构有：

1. 平针组织（又称单边组织）

（1）平针组织结构特点：平针织片是用单面机板编织。平针组织在同一平面的针步一致，背面显示半弧形线圈，正面呈典型的 V 形针步外观，并且较背面的纹理平滑。可以随意从平针织片开始和结尾的编织横列拆散或抽纱。当针步破断时，纵行线圈施以拉力从而造成崩解，由前线圈滑散而下，导致编织线圈沿纵行连续解开，造成纵向脱散；采用单股纱线、疏字码❶编织，会造成织片歪斜或起螺旋形状，如图 2 − 1 − 13 所示。

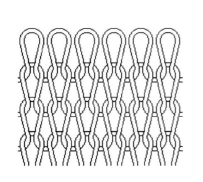

面针线圈图

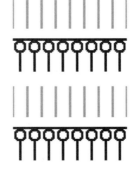

面针线路图

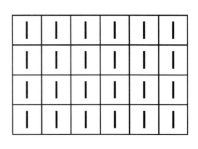

面针意匠图

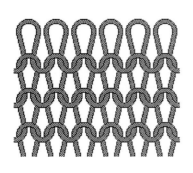

底针线圈图

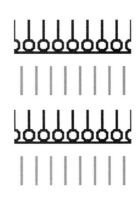

底针线路图

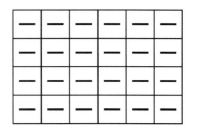

底针意匠图

图 2 − 1 − 13　平针组织

（2）平针组织外观效果：轻、薄，织片头和尾向织片的正面卷，而侧边向织片的背面卷，如图 2 − 1 − 14、图 2 − 1 − 15 所示。

（3）平针组织应用范围：套衫、卷边衣领常采用平针组织，在针织毛衫设计中应用广泛。

---

❶　疏字码：毛衫编织时利用字码的松紧可改变织片的手感，结字码织片手感板结，疏字码织片手感松软，因此字码可以根据需要调整。

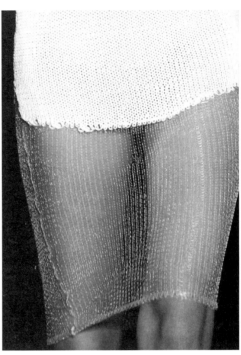

图 2 - 1 - 14　平针面针组织应用效果

图 2 - 1 - 15　平针底针组织应用效果

（4）平针组织编织操作指引（图 2 - 1 - 16）：

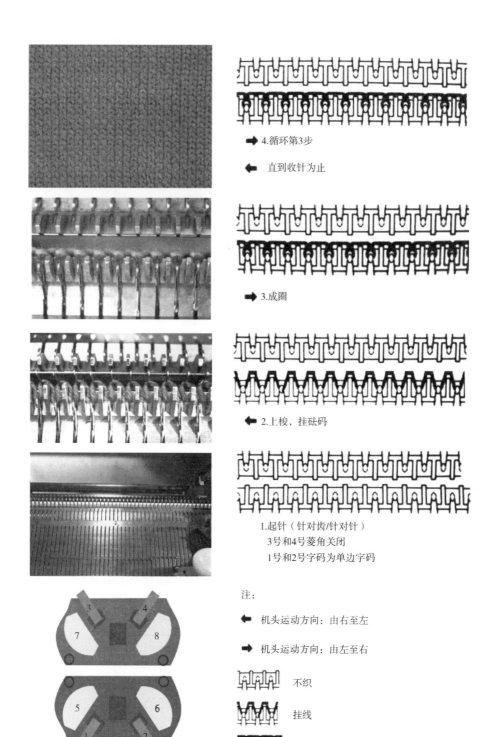

图 2-1-16　平针组织编织操作指引

2. 密针四平组织（又称满针罗纹组织）

（1）密针四平组织结构特点：密针四平组织用两排对角针板、满针编织的双面织片。利用横机的前后机板、针床以罗纹针配置（采用针对齿排针），每排织针随着各自方向交替牵拉线圈，编织成织片；由于所有相隔的纵行线圈朝着一个方向相互串套，而相邻的同列纵行线圈在反方向相互串套，罗纹织片的正面与底面纵向行列针步交替编织，所以织片的面和底外观相同；织片表面的凸条组织使其横向具有弹性，由于织片两面线圈张力相等，所以剪裁时没有卷曲的倾向；罗纹织物不能从编织起始位置拆散，拆散或纵向脱散情况只会来自编织尾端。假若缺少关口线圈，起口便会松开，影响外观效果，因此会在罗纹编织起始横列之后应用圆筒关边，使起口整齐和平服，如图2-1-17所示。

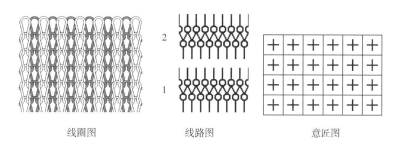

线圈图　　　　　　　线路图　　　　　　　意匠图

图2-1-17　密针四平组织

（2）密针四平组织外观效果：弹性优良，织片的面和底外观相同，没有卷曲的倾向，如图2-1-18所示。

（3）密针四平组织应用范围：外套、领口贴边（领贴）。

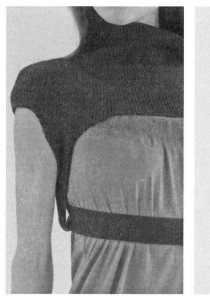

图2-1-18　密针四平组织应用效果

（4）密针四平组织编织操作指引（图2-1-19）：

➡ 6.循环第5步
⬅ 　直到收针为止

　5.成圈
➡ 1~4号菱角打开
　5~8号字码调为四平字码

　4.半转圆筒
⬅ 1号和4号菱角关闭
　8号字码放松为单边字码

　3.半转圆筒
➡ 1号和4号菱角关闭
　5号字码放松为单边字码

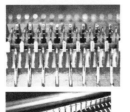

⬅ 2.上梭，挂砝码
　7号和8号字码较紧

1.起针（针对齿）
　1~4号菱角打开
　5~8号字码为双面织物字码

注：

⬅　机头运动方向：由右至左
➡　机头运动方向：由左至右

　不织

　挂线

　成圈

图 2－1－19　密针四平组织编织操作指引

3.1×1罗纹组织（又称单支罗纹组织、英式罗纹组织）

（1）1×1罗纹组织结构特点：由正面与背面的单行纵向线圈交替循环编织而成，与密针四平有相同的外观和特性，如图2-1-20所示。

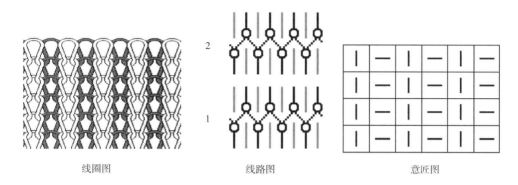

线圈图　　　　　　　　　　　线路图　　　　　　　　　　　意匠图

图2-1-20　1×1罗纹组织

（2）1×1罗纹组织外观效果：底面针纵行交错配置，形成纵向凸纹、坑条效果，如图2-1-21所示。

（3）1×1罗纹组织应用范围：常用于衣物的末端，如下摆、袖口、领口贴边（领贴）、门襟贴边（襟贴）、袋口贴边（袋贴）等。

图2-1-21　1×1罗纹组织应用效果

（4）1×1罗纹组织编织操作指引（图2-1-22）：

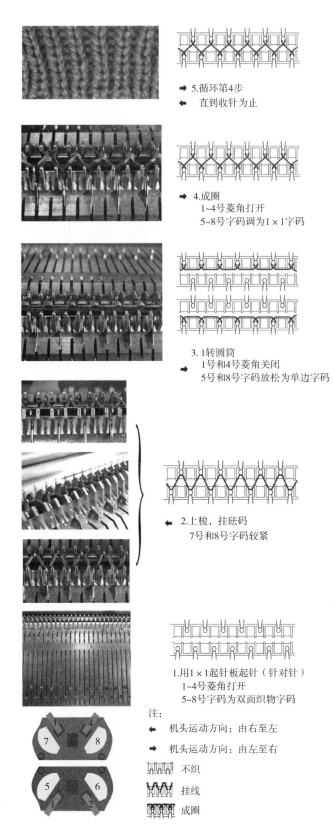

➡ 5.循环第4步
⬅   直到收针为止

➡ 4.成圈
　　1~4号菱角打开
　　5~8号字码调为1×1字码

3.1转圆筒
➡　1号和4号菱角关闭
　　5号和8号字码放松为单边字码

⬅ 2.上梭，挂砣码
　　7号和8号字码较紧

1.用1×1起针板起针（针对针）
　1~4号菱角打开
　5~8号字码为双面织物字码

注：
⬅　机头运动方向：由右至左

➡　机头运动方向：由左至右

　不织

　挂线

　成圈

图2－1－22　1×1罗纹组织编织操作指引

4.2×2 罗纹组织（又称双支罗纹组织、瑞士式罗纹组织）

（1）2×2 罗纹组织结构特点：2×2 罗纹织片是正面两纵行线圈相连与背面两纵行线圈相连交替循环而成。织片结构具有极高的弹性，不会卷边；2×2 排针不能起织，因为每边机板并排的两支织针不会单独织成线圈，而只会造成一个横跨两支针钩的线圈。后机板需要横向移动一支针位，使2×2 排针排成1×1 罗纹，称为"一前一后"，每支织针会在罗纹的首行提取纱线各自成圈，完成起始横列，当再续织一转圆筒之后，机板就会扳回原位，开始编织2×2 罗纹。2×2 罗纹有以下两种排针方法：

① 2 支空 1 支排针：两面机板以针对齿排针，循环排列 2 支工作织针和 1 支不工作织针，编成2×2 罗纹，如图 2 – 1 – 23 所示。

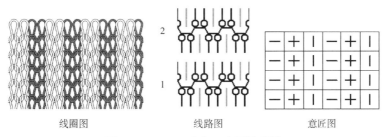

线圈图　　　　　　线路图　　　　　　意匠图

图 2 – 1 – 23　2 支空 1 支罗纹组织

② 2 支空 2 支排针：两面机板以针对针排针，循环排列 2 支工作织针和 2 支不工作织针，编成2×2 罗纹，如图 2 – 1 – 24 所示。

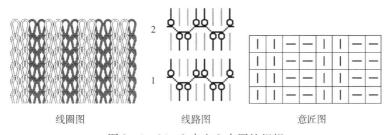

线圈图　　　　　　线路图　　　　　　意匠图

图 2 – 1 – 24　2 支空 2 支罗纹组织

（2）2×2 罗纹组织外观效果：织片结构具有极高的弹性，且不会卷边，如图 2 – 1 – 25 所示。

（3）2×2 罗纹组织应用范围：贴身织物、下摆、袖口、衣领。

（4）2×2 罗纹组织编织操作指引：

① 2 支空 1 支罗纹组织编织操作指引（图 2 – 1 – 26）：

② 2 支空 2 支罗纹组织编织操作指引（图 2 – 1 – 27）：

图 2 – 1 – 25　2×2 罗纹组织应用效果

→ 6.循环第5步
← 直到收针为止

→ 5.成圈
1~4号菱角打开
5~8号字码调为2×1字码

→ 4.扳波，调回两前两后排针
1转圆筒
1号和4号菱角关闭
5号和8号字码放松为单边字码

← 3.上梭，挂砣码
7号和8号字码较紧

2.扳波，将织针调为一前一后

1.用2×1起针板起针（针对齿）
1~4号菱角打开
5~8号字码为双面织物字码

注：
← 机头运动方向：由右至左
→ 机头运动方向：由左至右
⊓⊓⊓ 不织
WWW 挂线
⊔⊔⊔ 成圈

图2-1-26　2支空1支罗纹组织编织操作指引

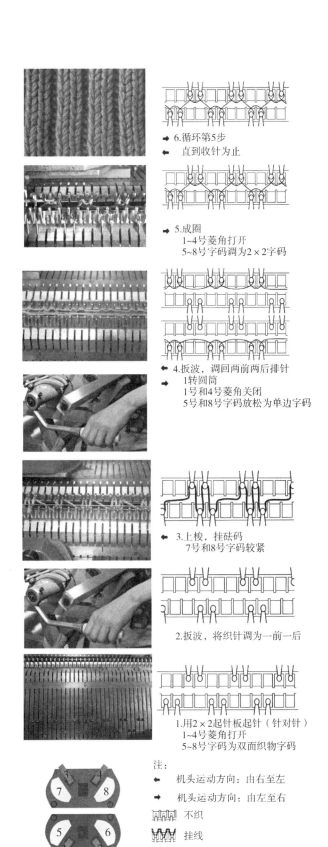

➡ 6.循环第5步
⬅ 直到收针为止

➡ 5.成圈
1~4号菱角打开
5~8号字码调为2×2字码

⬅ 4.扳波，调回两前两后排针
➡ 1转圆筒
1号和4号菱角关闭
5号和8号字码放松为单边字码

⬅ 3.上梭，挂砝码
7号和8号字码较紧

2.扳波，将织针调为一前一后

1.用2×2起针板起针（针对针）
1~4号菱角打开
5~8号字码为双面织物字码

注：
⬅ 机头运动方向：由右至左
➡ 机头运动方向：由左至右
不织
挂线
成圈

图2-1-27 2支空2支罗纹组织编织操作指引

5. 圆筒组织

（1）圆筒组织结构特点：圆筒以罗纹为基础，是双面织物的起口边。编织时先面针平针编织，然后是底针平针编织，按先后次序由同一纱嘴交替编织而成，两面有相同横列转数，前后组织接合为圆筒形。这类织法使毛衫下摆有整齐的起口，用作衣领或包边，如图 2 - 1 - 28 所示。

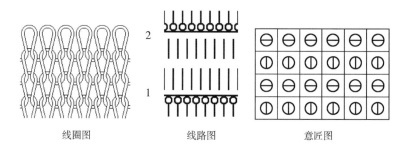

线圈图   线路图   意匠图

图 2 - 1 - 28　圆筒组织

（2）圆筒组织外观效果：正反两面外观相同，有整齐的起口，织成织物弹性小，如图 2 - 1 - 29 所示。

（3）圆筒组织应用范围：下摆、领口贴边（领贴）。

图 2 - 1 - 29　圆筒组织应用效果

（4）圆筒组织编织操作指引（图 2 - 1 - 30）：

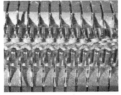

← 5.循环第3步和第4步
→ 直到收针为止

← 4.半转圆筒
  1号和4号菱角关闭
  8号字码放松为单边字码

→ 3.半转圆筒
  1号和4号菱角关闭
  5号字码放松为单边字码

← 2.上梭，挂砝码
  7号和8号字码较紧

1.起针（针对齿）
  1~4号菱角打开
  5~8号字码为双面织物字码

注:
→ 机头运动方向：由右至左
→ 机头运动方向：由左至右

不织

挂线

成圈

图2－1－30 圆筒组织编织操作指引

6. 罗纹半空气层组织（又称三平组织、四平空转组织）

（1）罗纹半空气层组织结构特点：以罗纹组织为起针基础，两行横列循环结构包括一列密针四平组织和一列平针组织；罗纹半空气层织片的两面各异，正面是拉长横列的"单横列面"，而背面是两行横列循环的"双横列面"；织片较密针四平抱合力和稳定性更好，结实耐用，能防纵行散脱，只可以从结尾的编织横列拆散，如图 2 - 1 - 31 所示。

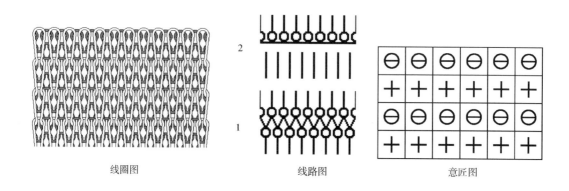

线圈图　　　　　　　　　　线路图　　　　　　　　　意匠图

图 2 - 1 - 31　罗纹半空气层组织结构

（2）罗纹半空气层组织外观效果：由于背面针步数量是正面的两倍，所以朝"单横列面"方向轻微卷曲，如图 2 - 1 - 32 所示。

（3）罗纹半空气层组织应用范围：紧密编织的外套、领口贴边（领贴）。

图 2 - 1 - 32　罗纹半空气层组织应用效果

（4）罗纹半空气层组织编织操作指引（图 2 - 1 - 33）：

 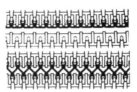

← 5.循环第4步
→ 直到收针为止

← 4.半转四平,半转单边
→ 2~4号菱角打开,关闭1号菱角
5~8号字码调为三平字码

← 3.1转圆筒
→ 1号和4号菱角关闭
5号和8号字码放松为单边字码

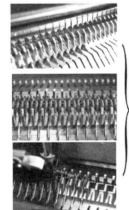

← 2.上梭,挂砒码
→ 7号和8号字码较紧

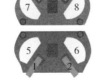

1.起针(针对齿)
1~4号菱角打开
5~8号字码为双面织物字码

注:

← 机头运动方向:由右至左

→ 机头运动方向:由左至右

不织

挂线

成圈

图2-1-33 罗纹半空气层组织编织操作指引

7. 罗纹空气层组织（又称打鸡组织❶、四平空转组织）

（1）罗纹空气层组织结构特点：罗纹空气层组织是由三横列循环结构组成，包括一列密针四平组织和两列圆筒组织；每个组织循环中的两横列圆筒，能使织片线圈张力比较平衡，织片较罗纹半空气层组织更为稳定，不会卷曲；织片能有效防纵行散脱，但易从结尾的编织横列拆散，如图 2-1-34 所示。

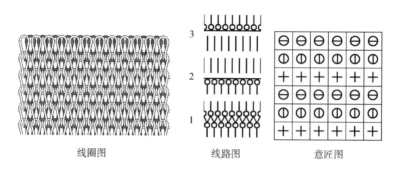

线圈图   线路图   意匠图

图 2-1-34　罗纹空气层组织结构

（2）罗纹空气层组织外观效果：织片结实、紧密、少弹性，正面和背面外观相同，如图 2-1-35 所示。

（3）罗纹空气层组织应用范围：结实、紧密和结构稳定的外套、衣领、领口贴边（领贴）。

图 2-1-35　罗纹空气层组织应用效果

（4）罗纹空气层组织编织操作指引（图 2-1-36）：

---

❶ 打鸡组织：采用手动横机编织，织圆筒组织时要将其中对角的升针三角升高，控制升针三角的编织菱角的外观像鸡腿，所以称为打鸡组织。

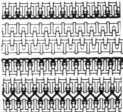

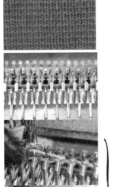

← 5.循环第4步
→ 直到收针为止

← 4.半转四平，1转圆筒
← 1号和4号菱角需要不断循环打开与关闭
→ 5~8号字码调为打鸡字码

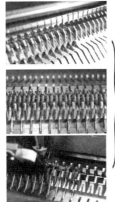

← 3.1转圆筒
→ 1号和4号菱角关闭
5号和8号字码放松为单边字码

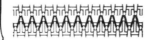

← 2.上梭，挂砝码
7号和8号字码较紧

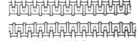

1.起针（针对齿）
1~4号菱角打开
5~8号字码为双面织物字码

注：
← 机头运动方向：由右至左

→ 机头运动方向：由左至右

 不织

 挂线

成圈

图2-1-36 罗纹空气层组织编织操作指引

8. 半畦编组织（又称珠地组织、单元宝针）

（1）半畦编组织结构特点：两横列循环以1×1罗纹组织为基础，一面的纵行全部是成圈组织，而另一面的纵行则包括延圈组织（又称吊针）和集圈组织（又称打花）。织片只在一面隔行横列有集圈，集圈一面的横列线圈呈相当大的圆形，另一面的横列线圈则极为细小，这是因为对面集圈的伸长延圈造成毛纱回退所致，如图2-1-37所示。

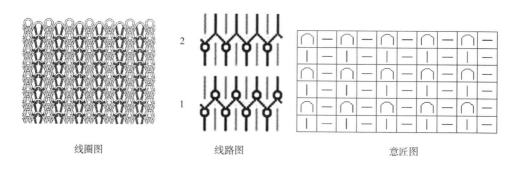

线圈图　　　　　　线路图　　　　　　　意匠图

图2-1-37　半畦编组织结构

（2）半畦编组织外观效果：正反两面外观不同，如图2-1-38所示。

（3）半畦编组织应用范围：适合强调凸纹、肌理感强的设计。

图2-1-38　半畦编组织应用效果

（4）半畦编组织编织操作指引（图2-1-39）：

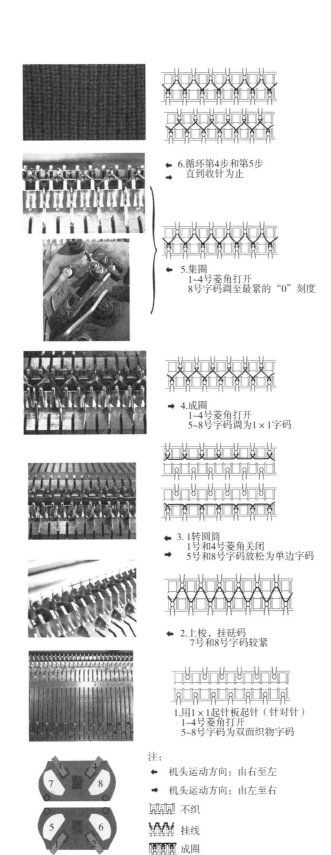

6. 循环第4步和第5步
   直到收针为止

5. 集圈
   1~4号菱角打开
   8号字码调至最紧的"0"刻度

4. 成圈
   1~4号菱角打开
   5~8号字码调为1×1字码

3. 1转圆筒
   1号和4号菱角关闭
   5号和8号字码放松为单边字码

2. 上梭，挂砝码
   7号和8号字码较紧

1. 用1×1起针板起针（针对针）
   1~4号菱角打开
   5~8号字码为双面织物字码

注：

← 机头运动方向：由右至左

→ 机头运动方向：由左至右

不织

挂线

成圈

图2-1-39 半畦编组织编织操作指引

9. 全畦编组织（又称柳条组织）

（1）全畦编组织结构特点：两横列循环以 1×1 罗纹组织为基础，两面都是集圈组织，因此每一线步都包括延圈和集圈。集圈促使罗纹纵行张开，进而扩张了衫身宽度尺寸。就生产速度而言，编织全畦编慢于编织普通罗纹，但全畦编组织的集圈能增加织片厚度、重量及丰满度，如图 2-1-40 所示。

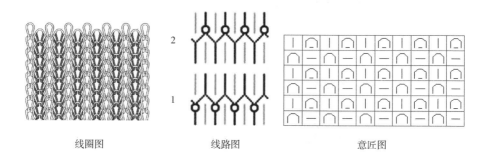

线圈图　　　　　　　　线路图　　　　　　　　意匠图

图 2-1-40　全畦编组织结构

（2）全畦编组织外观效果：较为厚实和粗犷，如图 2-1-41 所示。

（3）全畦编组织应用范围：广泛应用于针织套衫的衫身、领口贴边（领贴）部分。

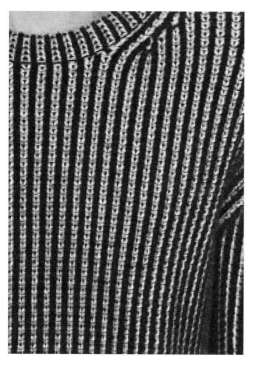

图 2-1-41　全畦编组织结构应用效果

（4）全畦编组织编织操作指引（图 2-1-42）：

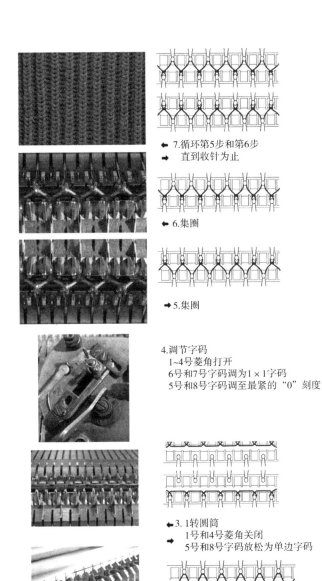

← 7.循环第5步和第6步
→ 直到收针为止

← 6.集圈

→ 5.集圈

4.调节字码
　1~4号菱角打开
　6号和7号字码调为1×1字码
　5号和8号字码调至最紧的"0"刻度

← 3.1转圆筒
→ 1号和4号菱角关闭
　5号和8号字码放松为单边字码

← 2.上梭，挂砝码
　7号和8号字码较紧

1.用1×1起针板起针（针对针）
　1~4号菱角打开
　5~8号字码为双面织物字码

注：
← 机头运动方向：由右至左
→ 机头运动方向：由左至右
 不织
 挂线
成圈

图2－1－42　全畦编组织编织操作指引

三、织花编织结构

常用织花组织结构

1. 底面针组织（又称令士组织、变化双反面组织）

底面针组织的每横列由反面和正面线圈交替而成。花式双反面组织是底面针组织的变化组织，由正、反面线圈相互交错形成凹凸交替的肌理效果，例如，芝麻针、桂花针和双芝麻针。

（1）芝麻针：半转1×1双反面交替排针，芝麻针编织的织物两面外观相同，并经常用作有织纹效果的衫贴，如图2-1-43所示。

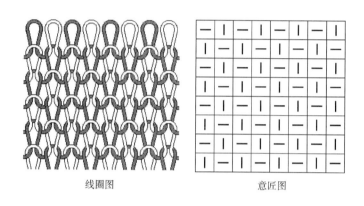

线圈图   意匠图

图2-1-43　芝麻针

（2）桂花针：一转1×1双反面交替排针，呈现间断的坑条织纹花样，常配搭扭绳组织，大范围使用会产生悦目的凹凸效果，如图2-1-44所示。

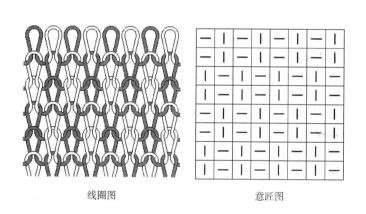

线圈图   意匠图

图2-1-44　桂花针

（3）双芝麻针：一转2×2双反面交替排针，织纹美观，两面外观相同，不会卷曲，用于替代单边等类型的组织，如图 2 - 1 - 45 所示。

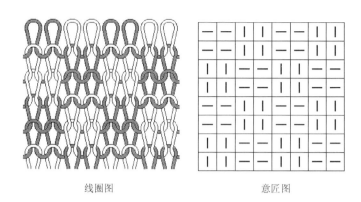

线圈图　　　　　　　　　　意匠图

图 2 - 1 - 45　双芝麻针

2. 挑孔组织

无论编织、钩编、编带还是结网，只要纱线之间有空隙特征的织物均可采用挑孔组织。挑孔组织可分为：

（1）单边挑孔（又称单边网眼）：采用平针为基础的组织结构，通过移圈构成网孔（图 2 - 1 - 46）。

（2）小点网眼（又称孔洞）：采用罗纹为基础的组织结构，通过移圈编织出选针挑孔织物。

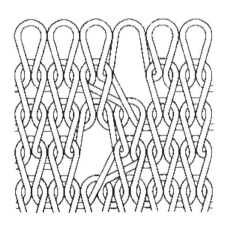

图 2 - 1 - 46　单边挑孔线圈图

3. 扭绳组织（又称绞花组织）

扭绳组织分 3 支扭 3 支、6 支扭 6 支等。扭绳组织左右两边一定要留 1 ~ 2 支底针，这样才能凸显扭绳的立体感。在多针扭绳时，可在扭绳处对应的底面针板处留几支底针，以拉长线圈，防止面针拉断线。采用扭绳组织可以形成较多外观，以下列举了几种常用的扭绳组织，如图 2 - 1 - 47 ~ 图 2 - 1 - 49 所示。

图 2 - 1 - 47　扭绳组织一

左至右为：4 支 2 转扭；6 支 3 转扭；

6 支 4 转扭；偏心绳；8 支 5 转扭

图 2 - 1 - 48　扭绳组织二

左至右为：马蹄绳；反向复绳；复绳

图 2 - 1 - 49　扭绳组织三

左至右为：辫绳

4. 搬针组织

搬针组织为同一组织单支针或多支针向多方向搬移（图 2 - 1 - 50、图 2 - 1 - 51）。

图 2 - 1 - 50　搬针组织与扭绳组织的经典结合一

图 2-1-51　搬针组织与扭绳组织的经典结合二

四、成形编织

（一）横机基本成形编织方法

横机是一种成形编织机械，通过这种机器可以一次性编织出具有一定形状的平面或三维成形衣片，利用电脑横机甚至可以在机器上一次性编织出一件完整的毛衫，下机后无须缝合或只需少许缝合就可以穿用。

1. 全自动电脑针织横机成形编织方法

全自动电脑针织横机移圈（过针）动作是由有沟槽或有扩圈片的织针完成。交针的织针上升到移圈最高位置，线圈停在针杆的沟槽或扩圈片位置，纳圈的织针升至打花高度位置并进入对方的沟槽或扩圈片的空隙，当交针的织针下降时，线圈转移到纳圈的织针内。

全自动电脑针织横机机板上同一针床的织针不能直接移圈到另一支织针上，应先把线圈移到对面针床的织针上，针床摇针移位，再把对面针床织针上的线圈移回原本针床待纳的织针上。具体操作步骤如下：

（1）移圈，即将一面针床的线圈移到对面针床相对应的织针内。开始时，交圈织针上升至超过退圈时的高度，使被移的线圈停留在织针的凸肩上，被扩圈片拉紧和扩大（图2-1-52）。

（2）与此同时，对面的纳圈织针上升，进入对面交圈织针的扩圈片和针杆之间的空隙（图2-1-53）。

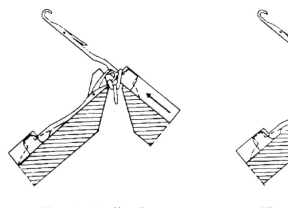

图 2 - 1 - 52　第一步　　　　　　　图 2 - 1 - 53　第二步

（3）纳圈织针上升至编织打花时的高度位置，即上升的高度以本身的线圈仍留在针舌上为限（图 2 - 1 - 54）。

（4）当交圈织针下降时，线圈便从交圈织针处移到纳圈织针上（图 2 - 1 - 55）。

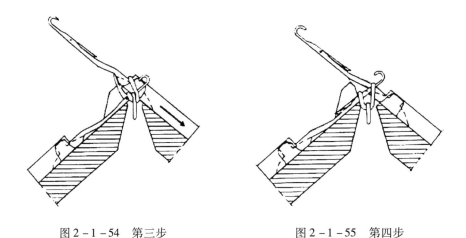

图 2 - 1 - 54　第三步　　　　　　　图 2 - 1 - 55　第四步

2. 手摇针织横机成形编织方法

手摇针织横机移圈是利用针扒将需要移离线圈的织针透过针扒孔眼套入针钩内，针扒将织针提起，使线圈下移至针舌以外的针杆位置。扣着针钩的针扒往下推，促使线圈把针舌关闭，并将织针移离并转到针扒上。将持有线圈的针扒脱离针钩，将针扒移往纳圈织针上，再将针扒孔眼套入已打开针舌的针钩内并套入线圈。

虽然全自动电脑针织横机近乎全能，有很多优势是手摇针织横机难以比拟的，但手摇针织横机在以下方面仍然具备一些电脑横机不具备的优势：

（1）具备单边起口关边的功能。

（2）具备双面密针在同一机板多支移圈的功能。

（3）具备双面密针有加减针花的功能。

（4）具备移圈填针的功能。

（5）具备套针的功能。

（6）具备吊针织花的功能。

（7）具备加入珠片编织的功能。

（二）手摇针织横机加减针成形编织方法

编织成形衫片是通过加针或收针达成的，其分类和方法如下：

1. 加针

加针的种类和方法主要有以下三种：

（1）顶针加针方法：为无须移圈的加针方法，只需推起编织衣片以外的未使用的织针成为编织织针，新加入的织针必须从机头起动位置导入，换言之，当机头由右向左移动，织针会在右边加入，在这种情况之下，新的线圈便能在针钩内稳固地握持着（图2－1－56）。

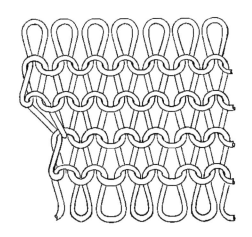

图2－1－56　顶针加针线圈图

（2）搬针加针方法：为线圈向边外移一支的加针方法。在这情况之下需要增加编织衣片外一支未使用的织针作为移圈之用，打开新增织针的针舌以便纳入线圈。加针动作产生的空针在续编时会形成洞眼，如续编时空针织成集圈，可使洞眼变小（图2－1－57）。

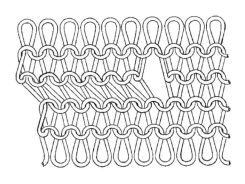

图2－1－57　搬针加针线圈图

（3）填针加针方法：在加针过程中，把空针的毗连织针线圈扩大并与空针共享。续编后，空针不会出现明显的洞眼（图2-1-58）。

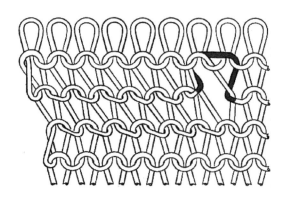

图2-1-58　填针加针线圈图

2. 收针（减针）

收针的目的是免除织针编织的作用。收针时，靠边的线圈向内移动一支或两支针位，移离线圈的织针在续编时返回最低的不编的位置。收针所形成的衣片形状会根据移针频率不同而不同。收针方法主要有以下两种：

（1）收无边花：将最靠编织衣片边的一支织针的线圈向内移动，纳入毗连的织针。空针返回不编的位置。织物经缝合后，不会显现收花效果（图2-1-59）。

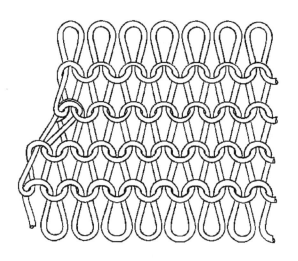

图2-1-59　收无边花线圈图

（2）收有边花：一组线圈同时移动，使收花得以清晰显现，常用于成形针织服装中，花样非常典型（图2-1-60）。

3. 落梳

落梳是指传统手摇针织横机在编织时，有的局部位置需要停织，如领口分边编织，这时

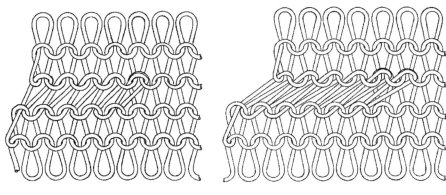

收1支针留4支边 收2支针留4支边

图2-1-60 收有边花线圈图

会使用镶有洞眼套针的直梳把织针的线圈提取出来，用橡筋固定好，置于机口中，待复编时再放回织针上。可休止的手摇针织横机只需把暂时不编织的织针推到最高位置，达到停针效果，复编时把停织的织针导入编织菱角，再织即可。

4. 套针

套针即用针扒将持圈的织针锁眼脱圈从而完成编织的方法。操作步骤是将倒数第二支织针的线圈移向最尾的织针，使最尾的线圈串套入倒数第二个线圈，再将倒数第二个线圈放回原位以变成最尾的线圈，这样循环操作直至完成最后一个针步为止（图2-1-61）。

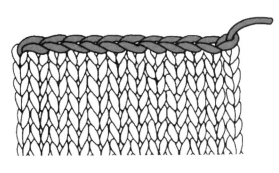

图2-1-61 套针线圈图

第二节　工艺单

一、毛衫工艺计算的基础知识

学习毛衫工艺计算方法之前，必须要先了解毛衫的基本袖型、基本领型、各个部位的专业名称以及所用计算公式。

（一）毛衫基本袖型和领型

针织毛衫品种繁多，采用不同的材料、组织结构、造型、工艺等，可形成多种多样的型制，下面列举了几种最基础、最常用、也是最具有代表性的针织毛衫袖型（图 2 - 2 - 1）和领型（图 2 - 2 - 2）。

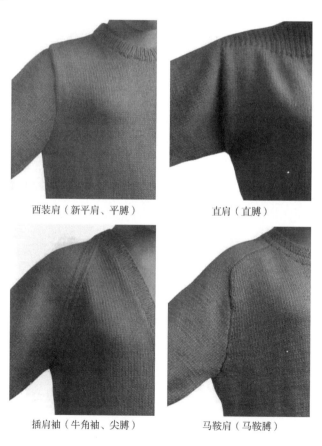

西装肩（新平肩、平膊）　　　　　　　直肩（直膊）

插肩袖（牛角袖、尖膊）　　　　　　　马鞍肩（马鞍膊）

图 2 - 2 - 1　针织毛衫基本袖型

1×1罗纹单层圆领　　　　　　　　　　　　1×1罗纹双层圆领

1×1罗纹单层V领　　　　　　　　　　　　四平罗纹V领

半开襟翻领成POLO领　　　　　　　　　　樽领（高领）

图2-2-2　针织毛衫基本领型

（二）毛衫各部位名称以及相关计算公式

学习毛衫工艺计算方法之前，必须要先了解毛衫各个部位的专业名称和所用计算公式（图2-2-3、表2-2-1）。

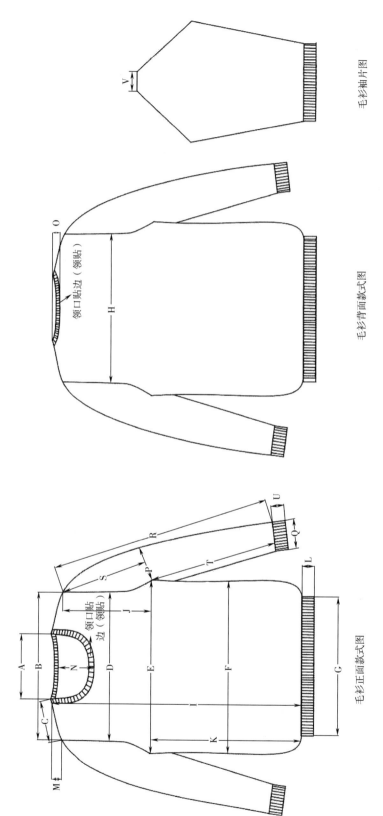

毛衫袖片图

毛衫背面款式图

图 2 - 2 - 3　毛衫各部位标注图

毛衫正面款式图

表2-2-1　毛衫各部位计算公式表

编号	位置名称	计算方法	备注
A	领宽 （领阔）	领宽针数＝领宽尺寸×横密针数	1. 前领宽尺寸应比后领宽尺寸少1cm，避免穿着时肩缝（膊骨）后移 2. 前领底（圆领）横位针数＝前领宽针数×（0.25～0.3） 3. 后领底横位针数＝后领宽针数×（0.7～0.75）
B	总肩宽 （总膊阔）	总肩宽针数＝总肩宽尺寸×（1－△%）×横密针数 注：式中△%具体数值见右侧备注	服装总肩宽一般会横向延伸，但因组织不同，肩宽横向延伸的量不同，故要针对性地预先减少该延伸量，具体如下： （1）单边组织：总肩宽尺寸减3%～4% （2）四平罗纹组织：总肩宽尺寸减5%～8% （3）2×2罗纹组织：总肩宽尺寸减10%～12%
C	单肩宽 （单肩阔、单膊阔、半肩宽）	单肩宽针数＝（总肩宽针数－领宽针数）÷2	
D	前上胸宽 （前上胸阔）	前上胸宽针数＝前上胸宽尺寸×横密针数	
E	胸宽 （胸阔、$\frac{1}{2}$胸围）	1. 前片胸宽针数＝（胸宽尺寸＋1cm）×横密针数＋两边缝耗针数 2. 后片胸宽针数＝（胸宽尺寸－1cm）×横密针数＋两边缝耗针数 注：式中加减1cm可使缝线靠后，因此是否需要加减量可根据款式定夺	两边缝耗针数 （1）$E3\frac{1}{2}$、$E5$、$E7$机织片，每边1针共2针 （2）$E9$、$E12$、$E14$、$E16$机织片，每边2针共4针
F	腰宽 （腰阔、$\frac{1}{2}$腰围）	1. 前片腰宽针数＝（腰宽尺寸＋1cm）×横密针数＋两边缝耗针数 2. 后片腰宽针数＝（腰宽尺寸－1cm）×横密针数＋两边缝耗针数 注：式中加减1cm可使缝线靠后，因此是否需要加减量可根据款式定夺	
G	下摆宽 （脚阔、衫脚阔）	1. 前片下摆宽针数＝（下摆宽尺寸＋1cm）×横密针数＋两边缝耗针数 2. 后片下摆宽针数＝（下摆宽尺寸－1cm）×横密针数＋两边缝耗针数 注：式中加减1cm可使缝线靠后，因此是否需要加减量可根据款式定夺	

续表

编号	位置名称	计算方法	备注
H	后背宽（后上胸阔）	后背宽针数 ＝后背宽尺寸×横密针数	
I	衣长（衫长）	衣长转数（不含下摆高转数）＝（衣长尺寸－下摆高尺寸）×直密转数＋缝盘转数	
J	挂肩高度（夹阔、夹宽）	1. 挂肩高度尺寸＝挂肩高（理想值）－1cm 2. 挂肩转数 ＝挂肩高度尺寸×直密转数 3. 收袖窿针数 ＝（胸宽针数－总肩宽针数）÷2	1. 尺寸：在毛衫穿着时，袖子会因重量引起挂肩高度增加，故要针对性地预先减少1cm的增加量，短袖除外 2. 套针落夹（从机针上取下线圈） （1）带袖男装：落夹2～3cm （2）无袖男背心：落夹2～3.75cm （3）带袖女装：落夹1.75～2.5cm （4）无袖女背心：落夹2～3cm 3. 收夹（袖窿处收针） （1）收夹无边：全部用单支扒收，$E3\frac{1}{2}$、$E5$机织片每次收1针，$E7$至$E16$机织片可重叠收2针 （2）收夹有边花：$E3\frac{1}{2}$、$E5$机织片可留2支边；$E7$、$E9$机织片可留3支边；$E12$、$E14$、$E16$机织片可留4支边 注：前片开针较后片多，但前片收夹转数和后片收夹转数要一致，这样才可与袖子收针留花的花纹相对。一般$\frac{1}{3}$的挂肩转数用于挂肩位置收针，剩余部分为平位（不需要加减针），这样符合圆顺、对花、对色要求
K	侧缝（侧骨）	侧缝转数 ＝（衣长尺寸－肩斜高度－挂肩高度－1cm－下摆高）×直密转数	
L	下摆高（衫脚高）	下摆高转数＝下摆高尺寸×下摆组织的直密转数	
M	肩斜（膊斜）	收肩斜转数＝肩斜高度×直密转数÷1.38（修正数值）	粗针每次收针1～2针；细针每次收针2～3针
N	前领深	前领深转数＝前领深尺寸×直密转数	
O	后领深	后领深转数＝后领深尺寸×直密转数	

编号	位置名称	计算方法	备注
P	袖宽 （袖臂阔、 $\frac{1}{2}$袖肥、 $\frac{1}{2}$总袖宽）	袖宽针数 =（袖宽尺寸×2 + △cm）×横密针数 + 两边缝耗针数 注：式中 △cm 具体数值见右侧备注	在毛衫穿着时，袖子会因重量引起袖宽宽度减小，故要针对性地预先增加该缩量，具体如下（短袖除外） （1）单边、四平组织：总袖宽加 1.2 ~ 1.5cm （2）坑条、半畦编、全畦编组织：总袖宽加 1.8 ~ 2.5cm
Q	袖口宽 （袖嘴阔、 $\frac{1}{2}$总袖口宽）	袖口宽起针针数 = 袖口宽尺寸×横密针数	
R	袖长	袖长转数（不含袖口高）=（袖长尺寸 – 袖口高）×直密转数 – △cm 注：式中 △cm 具体数值见右侧备注	在毛衫穿着时，袖子会因重量而增长，故要针对性地预先减少该延伸量，具体如下（短袖除外） （1）单边、四平组织：袖长减 1.7 ~ 2.5cm （2）罗纹、半畦编、全畦编组织：袖长减3.75 ~ 4.5cm
S	袖山高	袖山高尺寸 = 挂肩高度 – 袖尾宽（$\frac{1}{2}$总袖尾宽） 袖山高转数 = 袖山高尺寸×直密转数	1. 套针落夹：此处套针落夹的针数与挂肩高处一致 （1）带袖男装：落夹 2 ~ 3cm （2）无袖男背心：落夹 2 ~ 3.75cm （3）带袖女装：落夹 1.75 ~ 2.5cm （4）无袖女背心：落夹 2 ~ 3cm 2. 尺寸：在编织袖片时，袖子会因斜度引起袖山高度增加，故要针对性地预先减少减 0.5 ~ 1cm 的增量
T	袖底长 （袖底缝）	1. 袖底长转数 = 袖长转数（不包括袖口高）– 袖山高转数 2. 袖底加针次数 = 袖宽针数 – 袖口宽针数	
U	袖口高 （袖嘴高）	袖口高转数 = 袖口高尺寸×袖口组织物直密转数	
V	袖尾宽 （$\frac{1}{2}$总袖尾宽）	袖尾宽 =（挂肩高度÷3 – 1cm）×横密针数	可根据款式，略微加减量以调整袖子的宽窄
	领口贴边 （领贴）	1. 领口贴边起针针数 = 衣身领围×横密针数（不论任何组织均转为单边的密度计算） 2. 领口贴边转数 = 领口贴边高度 ×直密转数	注：所有领口贴边（如圆领、V 领）必须依领形分段定位，加上两边缝耗针数

二、针织毛衫下数编写

下数又称工艺单、工艺图纸，是毛衫一针一线、生产制作的具体指导。

下数师傅或工艺师，是毛衫服装样板的设计者，必须了解毛衫的生产制作流程、毛纱的性质特点、成本与利润计算、市场价格等，并结合公司实际情况制定最佳的毛衫生产制造工艺方案。

（一）下数编写前准备

1. 测量织片字码

测量织片字码即测量试织片 10 支拉尺寸是否与针织样品 10 支拉尺寸一致，若不一致，可通过调节手摇横机字码数值调节所织织片松紧。

（1）测量织片字码的目的：既控制成衣的松紧程度，又获得在横机上调节字码的依据（图 2 - 2 - 4）。

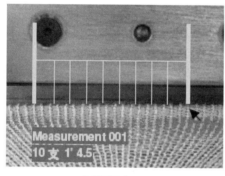
机器测量字码

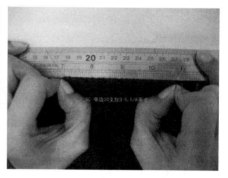
手工测量字码

图 2 - 2 - 4　测量织片字码

（2）调节字码：根据客户要求的字码松紧，不断试片以达到其要求。如果客户要求样片的字码为 10 支拉[1]$1\frac{1}{8}$英寸，但织出的样为 10 支拉 $1\frac{2}{8}$ 英寸，比要求密度松了 1 分，则在字码蝴蝶处加一张 T 纸牌（图 2 - 2 - 5），以加紧 1 分。

图 2 - 2 - 5　T 纸牌

下面提供单边字码表松紧以供参考，注意字码不宜偏松去迁就重量，以免出现成品线圈歪斜和稀松现象（表 2 - 2 - 2）。

---

❶　10 支拉：即测量织片同一行的 10 个线圈拉开后的长度。选择 10 支测量的原因是比较适合两个拇指正常发力且容易计算，中国香港、广东地区习惯使用英寸作为度量衡，1 英寸 = 2.54 厘米。

表 2 - 2 - 2　单边字码

针号（机号）	纵行针数	长度（英寸①）
$E16 \sim E18$	10 支拉	$\frac{6}{8} \sim 1$
$E14$	10 支拉	$\frac{7}{8} \sim 1\frac{2}{8}$
$E12$	10 支拉	$1\frac{2}{8} \sim 1\frac{6}{8}$
$E9$	10 支拉	$1\frac{7}{8} \sim 2\frac{3}{8}$
$E7$	10 支拉	$2\frac{3}{8} \sim 3\frac{2}{8}$
$E5$	10 支拉	$3\frac{3}{8} \sim 4$
$E3\frac{1}{2}$	5 支拉	$2\frac{2}{8} \sim 3\frac{2}{8}$

① 1 英寸 = 2.54cm。

2. 衣片测密度

衣片的线圈密度是下数计算的基础，具体计算公式如下：

（1）横密针数（横向密度）：每英寸的纵行线圈数（英制单位）

每厘米的纵行线圈数（公制单位）

（2）直密转数（纵向密度）：每英寸的横列线圈数÷2（英制单位）

每厘米的横列线圈数÷2（公制单位）

密度的准确与否将影响毛衫成衣的尺寸，应使用定样的衣片来测量线圈密度（图2-2-6）。织片一旦离开织针后，成圈机件加于纱线的应力便会消除，织片便会向纵向和横向两方收缩或回缩。因此度量经洗水的"湿松弛状态"的衣片比度量只熨烫过的"干松弛状态"的衣片更为可靠。

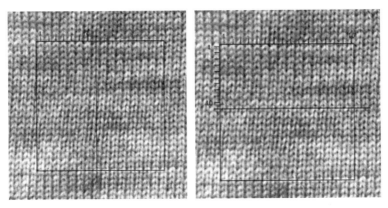

图 2 - 2 - 6　测量衣片线圈密度

（二）其他注意事项

1. 收针留边

（1）$E3\frac{1}{2}$、$E5$ 机织片留 2 支边（收 1 针用 3 支针扒、收 2 针用 4 支针扒）。

（2）$E7$、$E9$ 机织片留 3 支边（收 1 针用 4 支针扒、收 2 针用 5 支针扒）。

（3）$E12$、$E14$、$E16$ 机织片留 4 支边（收 1 针用 5 支针扒、收 2 针用 6 支针扒、收 3 针用 7 支针扒）。

2. 起针方式

起针方式有面包、底包、斜角（图 2 - 2 - 7）。不同的毛衫组织结构和贴片要注意起针方式，以保证缝合后的完整度。常见起针方式如表 2 - 2 - 3、表 2 - 2 - 4 所示。

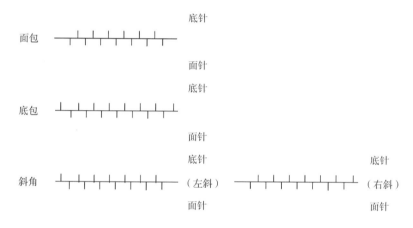

图 2 - 2 - 7　起针方式

表 2 - 2 - 3　领口贴边起针方式意匠图

领口贴边（零部件）起针名称	意匠图
面包针	╎ ┼ ┼ ┼ ┼ ┼ ┼ ┼
底包针	┼ ┼ ┼ ┼ ┼ ┼ ┼ －
斜角针	┼ ┼ ┼ ┼ ┼ ┼ ┼ ┼

表 2 - 2 - 4　其他常见毛衫部件起针意匠图

毛衫部件	意匠图
四平罗纹领口贴边、门襟贴边[①]、挂肩贴边[②]、口袋贴边	－ ╎ ┼ ┼ ┼ ┼ ╎ －

---

① 门襟贴边：中国香港、广东地区的术语叫胸贴。

② 挂肩贴边：袖窿贴边，中国香港、广东地区的术语叫夹贴。

毛衫部件	意匠图
明骨^①门襟贴边	＋ ｜ ＋ ＋ ＋ ＋ ＋ － ｜
暗骨明贴边^②	－ ｜ ＋ ＋ ＋ ＋ ＋ ｜ －
明骨托底贴边^③	＋ ＋ ＋ ＋ ＋ ＋ ＋ ☐ －

3. 纱线条数的应用

（1）1×1 罗纹下摆、贴边加条数编织：隔支排针的 1×1 罗纹是半针距编织，纱线粗度要比平针编织增加 50%，如单边衫身用 2×48/2 公支毛纱，下摆则要用 3×48/2 公支毛纱，否则只用 2×48/2 公支毛纱编成的罗纹部分会因组织疏松造成纹路歪斜，如果只靠结字码作为改善的方式，反而会出现过分紧缩的现象。

（2）圆筒减条数编织：圆筒是双层的，并合要比密针四平编织时减少 50% 的用纱数量，避免造成臃肿现象，如单边衫身用 3×48/2 公支毛纱，下摆则要用 2×48/2 公支毛纱。

（3）2×2、3×3 等宽罗纹或密针双层组织用与衫身同等条数毛纱编织。

三、圆领平肩弯夹长袖衫的工艺单编写案例

圆领平肩弯夹长袖衫的工艺单的编写是有一定程序的。首先，要明确客户对毛衫板单的要求，根据要求依次设计和编写毛衫前片、后片、袖片和零部件等的工艺。

（一）毛衫板单

毛衫板单包括客户资料、款式、机针规格、用毛要求，最主要的是要根据款式和客户要求制定成品尺寸、编织组织和工艺规格（图 2-2-8）。

（二）工艺单设计

应根据产品的款式、规格尺寸、手感及成品重量等要求，设计毛衫下数工艺，并实施操作。在生产过程中，毛衫是按下达工艺单的操作要求进行生产的，因此工艺单设计得正确与否，直接影响成品的质量和劳动生产率。

根据现代化时代的需求，企业通常都采用智能化的工艺单软件，以便快速完成工艺单的计算和工艺设计。

下面列举的是使用"智能下数纸"软件编写下数的案例，根据对广州地区的调研，目前几乎所有的毛衫加工企业都摒弃了人工计算下数的方式，而是采用智能化的软件，出单快速、准确。并且使用较广的就是"智能下数纸"软件，不仅能根据输入的尺寸自动生成下数，还能连接全自动电脑针织横机进行生产，其智能化和效率化可见一斑。

---

① 明骨：是指止口在外面或者表面能看见的车缝线。
② 暗骨明贴边：是指止口或机缝线在里面看不见，贴边在外面能看见。
③ 明骨托底贴边：是指止口或机缝线在外面能看见，贴边在底或里面看不见。

图 2-2-8　毛衫板单

本案例采用的衫身组织平方密度为每厘米 6.666 针×4.444 转，下摆组织平方密度为每厘米 5.8 转。工艺单参见图 2-2-9~图 2-2-14 所示。

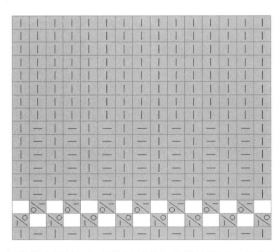

图 2-2-9　根据款式图的组织结构绘制的织片排针图（又称方格纸或意匠图）

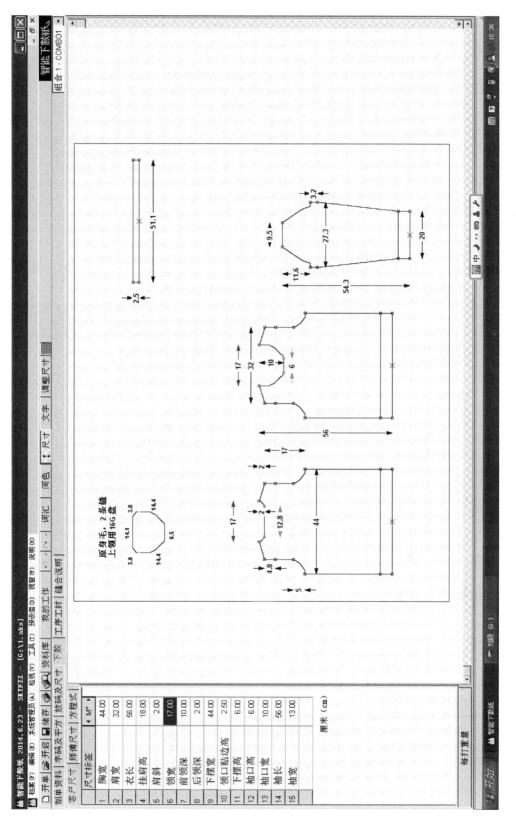

图 2－2－10　根据图 2－2－8 的板单要求利用软件对相应部分设定尺寸

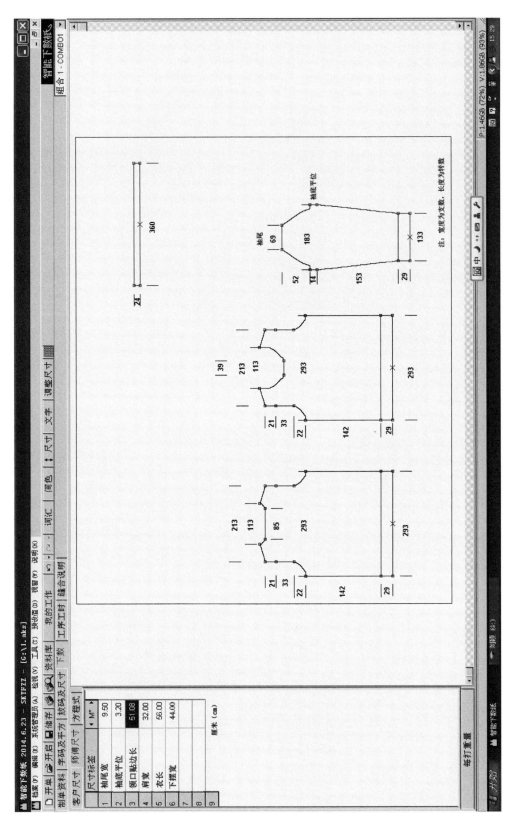

图 2 - 2 - 11　根据设定的尺寸和样片字码平方密度计算出的针数（横向）和转数（纵向）

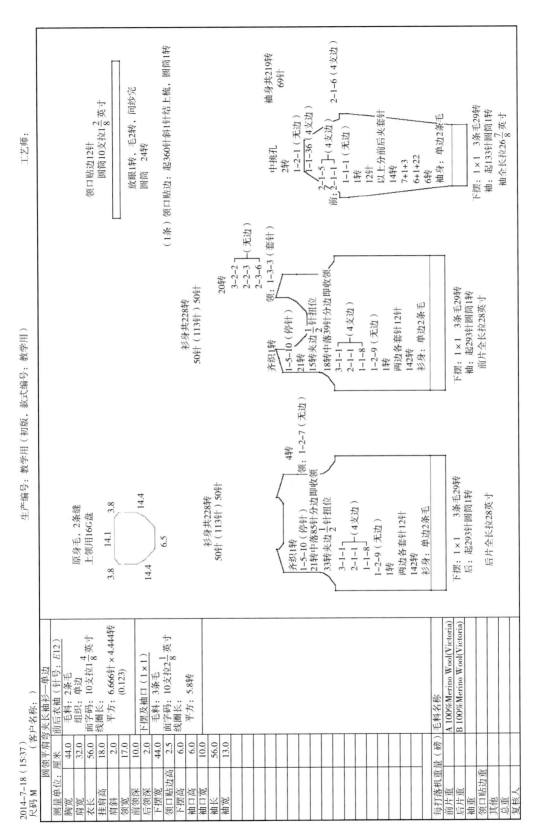

图2－2－12 根据针数和转数设计的下数工艺单

2014-7-18（15:37）

描述　　圆领平肩弯夹长袖衫—单边
毛料　　100%Merino Wool(Victoria)
日期　　2014-7-18
生产编号　教学用
跟单
款式编号　教学用
客户名称
测量单位　厘米
缝毛　　原身毛，2条缝
缝毛　　16G盘缝，上领用16G盘
机号
M码

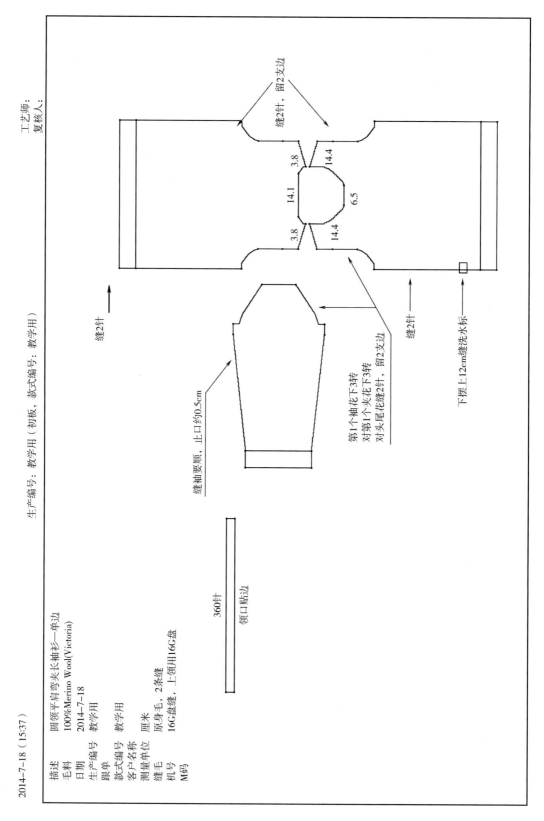

缝2针

缝2针，留2支边

3.8　　14.4

14.1

3.8　　14.4

6.5

缝2针

第1个袖花下3转
对第1个夹花下3转
对头尾花缝2针，留2支边

缝袖要顺，止口约0.5cm

下摆上12cm缝洗水标

360针

领口贴边

图2-2-13　缝盘缝合说明

图 2 – 2 – 14　编织后的成品效果

练习题

1. 用 7 针机编织 10 款织物样本，并填写以下工作表，工作表上要说明所用纱条（根）数、纱线支数、编织方法、作用等，记录编织的字码，用意匠图表示织物结构。样本尺寸要求 7cm×7cm，有关边起口和套针收口。测量织物样本每 10cm 内的纵行线圈数量和横列线圈数量。

样本编号	织物名称	意匠图		编织字码	纵行/10cm	横列/10cm	样本
E7 – 01	针号：E7 单边	面针	底针				
说明							

续表

样本编号	织物名称	意匠图	编织字码	纵行/10cm	横列/10cm	样本
E7－02	针号：E7 密针四平	（意匠图：4×6方格，每格内为＋符号）				
说明						
E7－03	针号：E7 5cm：密针四平 2cm：1×1罗纹					
说明						
E7－04	针号：E7 5cm：单边 2cm：2×2罗纹（2空2）					
说明						

样本编号	织物名称	意匠图	编织字码	纵行/10cm	横列/10cm	样本
E7 – 05	针号：E7 5cm：密针四平 2cm：2 × 2 罗纹（2 空 1）					
说明						
E7 – 06	针号：E7 5cm：6 × 3 罗纹 2cm：圆筒					
说明						
E7 – 07	针号：E7 罗纹半空气层					
说明						

续表

样本编号	织物名称	意匠图	编织字码	纵行/10cm	横列/10cm	样本
E7－08	针号：E7 罗纹空气层					
说明						
E7－09	针号：E7 5cm：半畦编 2cm：1 × 1 罗纹					
说明						
E7－10	针号：E7 5cm：全畦编 2cm：1×1 罗纹					
说明						

　　2. 设计和编织一块底面针组织织片、一块挑孔组织织片、一块扭绳组织织片。

　　3. 按照下面袖片图样，进行加减针练习。注意，横向一个小方格代表 1 支织针，纵向一个小方格代表织 1 行（半转）。

Sleeve Panel

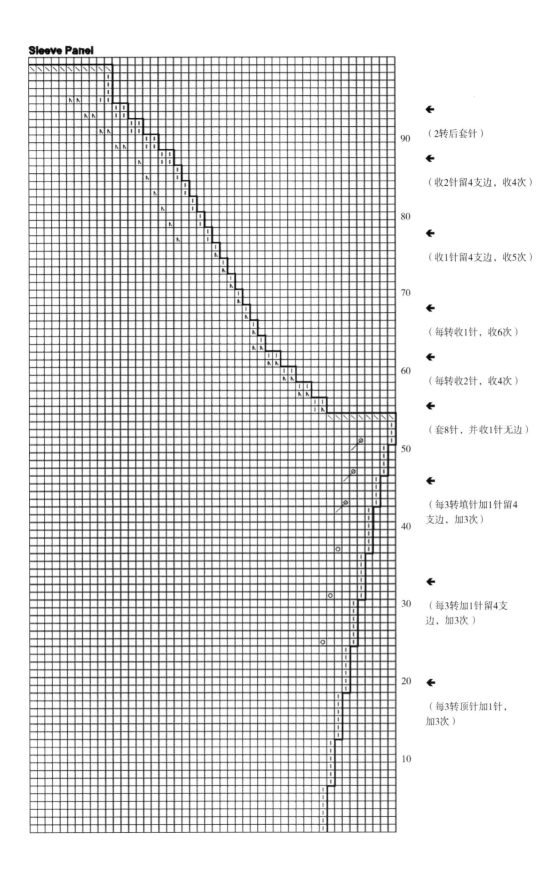

90 （2转后套针）

（收2针留4支边，收4次）

80

（收1针留4支边，收5次）

70

（每转收1针，收6次）

60 （每转收2针，收4次）

（套8针，并收1针无边）

50

（每3转填针加1针留4
支边，加3次）

40

（每3转加1针留4支
边，加3次）

30

20

（每3转顶针加1针，
加3次）

10

第三章 设计篇
——女装针织毛衫设计与开发实训

专业技能——

课程名称： 设计篇——女装针织毛衫设计与开发实训

课程时间： 28 课时

课程内容： 设计开发前的准备工作

产品设计开发元素

青年女装针织毛衫设计与开发实例

中年女装针织毛衫设计与开发实例

老年女装针织毛衫设计与开发实例

训练目的： 通过分析针织毛衫产品设计开发元素，使学生了解针织毛衫产品的设计开发方法与技巧。

教学方法： 教师讲授与学生实训相结合。

第一节　设计开发前的准备工作

设计时装并不是只以时尚潮流为依据，更要结合当下生活的文化进行创作，才可以做到迎合消费者的需求，确保有稳固适销对路的产品。

进行产品设计不能仅凭意念，而是要有目标地去创作，根据不同消费顾客、不同场合的需求进行设计，所以首先要明确目标消费群体和产品定位，然后根据每季的流行趋势，构思系列设计的主题，再进行具体的设计与制作。

一、开展调研

通常，设计师都比较关注个性化设计，而出色的设计是既有特色、与众不同，又能获得别人的认同，尤其是目标客户的认同。这就需要设计师把具有个人风格的创作与目标顾客群的需求相结合，开展针对性的设计，根据销售定位开展产品研发活动，以满足消费者的需求并有效引导消费活动，这样才能赢得市场上的成功。因此，设计师必须要了解目标消费者、了解市场需求，针对顾客的需求去设计、生产、营销和服务等。

要了解产品市场需求，就需要开展调研活动，了解目标顾客的消费习惯，知悉其在心理和生理两方面对产品的购买要求和真实意愿。对于产品的各个方面，消费者都有各自的取向，大致可以分为：

（1）心理取向方面：品牌、款式、颜色、潮流、价格、产地等。

（2）生理取向方面：材料质地、舒适性、耐穿性、功能性、适体性等。

不论是卖家营销市场（即以主导顾客消费而创作的产品模式），还是买家营销市场（即为迎合顾客需要而开发的产品模式），都必须进行调研，这是产品设计必需进行的前期工作，也是明确产品设计和行销的重点的关键。目前，很多国际知名企业在产品开发时，会按照商品管理理论去验证产品营销策略，其中的内容重点分别为：

（1）客户需求：采用科学化方法采集客户的需求。

（2）需求评估：评估顾客不同需求的确切性。

（3）技术需求：研究满足顾客需求的可行性。

（4）关系分析：建立技术从而对需求作取舍关系。

（5）技术目标：在设计目标与需求目标之间进行重要性排序。

二、了解产品生产和质量控制

优良的产品质量不仅体现在优良的设计上，还体现在优良的材质和做工上，选材错误、生产不当也会影响设计的表现。因此，设计师需要了解相关材料和生产制作知识，以便对款式、材料、制作工艺等进行认真细致的全面考量，并配合相关生产和采购部门，做好质量把控工作。

生产是产品质量控制之源，投产前需要做好生产规范的质量检定，出厂前则要做好产品检查工作。如避免毛衫表面存在疵点、尺码不正确、做工粗糙、不合身、舒适性差等。

知识性管理是近代兴起的学术与商业互相关联的主题，已应用于产品质量管理中，包括在针织毛衫的生产过程中都涉及工业工程学，其通过数据采集和分析，建立信息分类的图表，从而实行知识管理及执行。

在生产流程中，产品质量的优劣主要源自四项因素：人、机、物、法。以针织毛衫的生产举例，当织物经查验后发现有疵点，可能存在以下四种情况：

（1）人的因素：如某一工作时段当班人员犯错导致产品疵点。

（2）机的因素：如不论任何时间产品都在同一织机上产生疵点。

（3）物（用料）的因素：如不论任何时间，所有织机织成的产品都出现同样疵点。

（4）法（方法）的因素：任何时间、所有织机织成的产品都出现问题，而相同的用料用于其他款式则正常。

根据不同的情况，要采取不同的处理办法。目前，智能工业工程系统可以在这方面有效提高我们的工作效率，帮助我们更好地进行产品质量管理。注意，该系统取得数据后，不是直接解读出适用的信息和办法，而是对数据进行进一步的整理和分析，通过分层图表显示实际状况的信息，结合数据库内所储存和不断更新的知识来提供实时解决方案，以达到知识管理的实效。工业工程部门要做好以下几项工作，才能有效地提供设计师在工作中所需要的数据，如核算成本、生产中需改进的设计细节等。

（1）数据的采集：无线射频辨识是有效的数据采集技术，它是一种无线通信技术，可以通过调频电磁场的无线电信号识别特定目标并读写相关数据，准确掌握产品相关信息，如运作的部门、经手人、时间、单号、款号、颜色、尺码、数量、其他相关数据等（图3-1-1）。

计算机—中介器—RFID阅读器—RFID收发器—RFID标签

图3-1-1　数据采集

（2）信息的分析：以1小时为行动反应时间，每小时拿取最新数据。数据在控制范围之内的表示生产质量在可控范围；数据在控制范围之外表示有流程问题发生，要立即到生产线处理问题。从数据到可视图表，自动生成第一层图表。分析第一层图表：甲点和乙点发生流程问题时（图3-1-2），会再查看甲点第二层图表。

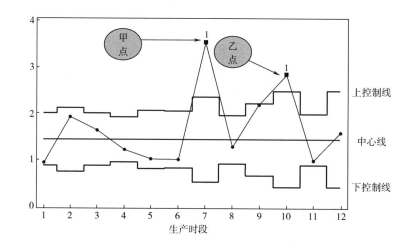

图3-1-2　织机部疵点控制图

第二层图表显示"漏针""单毛"为主要发生的问题，系统会自动利用分层法（图3-1-3）。

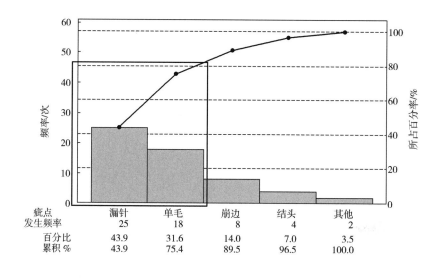

疵点 发生频率	漏针 25	单毛 18	崩边 8	结头 4	其他 2
百分比	43.9	31.6	14.0	7.0	3.5
累积%	43.9	75.4	89.5	96.5	100.0

图3-1-3　甲点柏拉图

第三层图表将人员、机器、物料、方法，划出四个分层图表进行问题分析。从第三层图表中的机器分层图表发现问题点，机器号码"MCTM2"需要处理漏针问题（图3-1-4），系统会自动建议以下处理的方法：检查织针是否弯曲或损毁；检查导纱器（纱嘴）调校是否过高或斜向一边；检查纱线张力是否不足；检查有否飞花或污垢藏在针坑内。

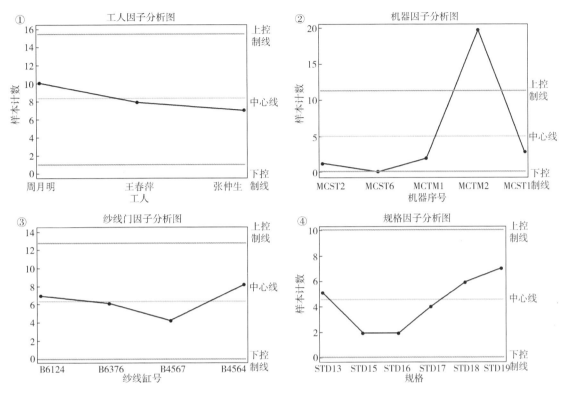

图3-1-4　分层图表

（3）知识的应用：为确保行动有效，需要继续监控数据，确保所有数据在控制范围之内。除了实时纠正行动，可以根据控制范围的流程表现，设定生产流程上的改动，将流程表现差异范围拉近，图3-1-5显示了在产品生产上实施工业工程管理，改善行动后的效果数据。

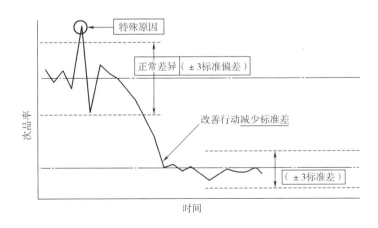

图3-1-5　改善后效果数据图

三、了解毛衫制作加工途径

时装潮流包括颜色、质料、面料、款式、加工（如印花、刺绣等）以及辅料等元素。潮流的缔造大多是源于著名品牌的名气效应，但好的时装设计绝不会盲目跟风，更重要的是要有清晰的产品定位、优良的产品制作工艺，从而得到目标客户群的青睐。当前毛衫制作加工途径主要分为三类，各自特点：

（1）原物供给制造（Original Equipment Manufacturing，简称 OEM）：工厂按买家提供的式样、规格代工生产。这类经营模式常见于一般发展中国家，买家会在多个工厂间比较价钱，一般工厂缺乏议价能力而备受压价，且制作工艺普通。

（2）原创开发制造（Original Development Manufacturing，简称 ODM）：有些国家因缺乏制衣劳动力导致行业发展受到限制，很多品牌需要产品供货商提供制作技术支持从而实现其品牌的产品设计，因此部分有实力的工厂会投放资源为客户提供产品开发服务，藉此促进业务发展。

（3）自家品牌制造（Original Brand Manufacturing，简称 OBM）：工厂设立自家品牌，从设计、制造、零售一站式经营。其好处是无须受制于买家，可充分利用自身的生产资源，有效控制成本，发展产品市场。当然，制造和零售是两类不同的行业，再者从产品开发、投产到应市，需要相当长的时间，会积压巨额资金，同时需要承受产品可能滞销的风险。

由此看来，工厂从事毛衫制作 ODM 模式的做法是较为可取。一般而言，独立品牌会有自创系列作为当季的主题和形象，但他们也需要工艺技术上的配合，才能很好地实现设计，创造出达到要求的实质产品。现实中普遍的工厂技术人员虽然有精湛的工艺，但多数只限于做到妥善而已，很少能够做到为产品注入更多有工艺特色的元素。然而工艺设计是一种有目的的创作行为，需要结合不同的元素，如颜色、质料、织法、款型等，才可做出最佳效果，这需要对工艺有认知的设计人才的加入，从而赋予一件毛衫产品特色和创意。

第二节 产品设计开发元素

毛衫产品种类繁多，不论目标顾客、产品定位、设计主题等，都可以纱线、颜色、组织结构、款式、辅料和附加工设计这六项作为产品设计开发的基本元素。应注意，针对不同年龄段的顾客，基本元素在选择、组合上存在显著差别：

（1）纱线：儿童和长者的毛衫要选用吸湿性好的天然纤维纱线，如舒适的棉和保暖的羊毛；少年、青年的毛衫可选用含化纤成分的纱线，方便穿着和护理；中年消费者的毛衫可以选用较优质的天然纤维纱线，如绢丝、羊绒等。

（2）色彩：儿童和长者的毛衫多采用鲜艳的色彩；少年、青年的毛衫倾向时兴的颜色而较为多元化；中年的毛衫则以深色为主，可以使体型显得苗条。

（3）组织结构：即使采用基本的编织结构也可以做出丰富的变化，形成不同的颜色组合和花形图案，这类毛衫适用于童装和长者服装；少年、青年的毛衫多用特色织法，形成特殊的效果以凸显流行和个性；中年的毛衫多采用平针组织，并搭配稳重和耐看的款式。

（4）款式：儿童和长者的毛衫多采用容易穿脱的造型；少年、青年毋惧繁复，最重要的是要有个性，毛衫的款式比较新颖、时尚；中年的毛衫款式比较耐看，讲究合身和细致的做工。

（5）辅料：别致或有特色的辅料（纽扣、饰物等）能为产品增色不少，甚至成为卖点，因此，这类辅料多用于青年、中年的毛衫中；对于儿童和长者的毛衫，其辅料的选择必须以安全性和易用性为主。

（6）附加工设计：筛网印花和绣花的毛衫深受长者和中年女士喜爱，应用较多；而儿童、少年、青年的毛衫则流行数码印花的图案。

在针织毛衫的设计开发中，以上六项都非常重要，既是六大基本元素，也构成了产品设计开发的内容，以下分别对各个元素进行简要介绍。

一、纱线

适合编织毛衫的纱线种类很多，一般而言，纱线条干都较粗，可用作纺纱的纤维相对机织面料更多。设计时，应根据款式、针号、穿着场合、产品售价等因素，确定是用短纤维纱线还是长丝（图3-2-1），短纤维纱线编成的织物有膨松效果，长丝纱编成的织物比较光滑；同时还要确定纱线的纤维成分、细度、股数、性能等，其中，纤维成分是最重要的因素之一，决定了毛衫产品的外观和服用性能，如：

（1）羊毛和腈纶：纤维的波纹和卷曲使织物表面稠密、手感蓬松丰满，令织物具有温暖感。

（2）棉和丝纤维：纤维结构使织物表面较为光滑，易产生挺爽的手感，多用于制作夏季毛衫。

（3）涤纶、锦纶等化学纤维：可以和其他纤维进行混纺，制作成花式纱线，从而创作出具有特殊外观和服用性能的织物。如具有结子或其他粗糙质感的纱线，与平滑的纱线比较，具有较为厚重的外观和手感，迎合了追求特殊视觉和触感效果的顾客需求。

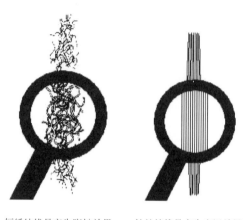

短纤纱线易产生膨松效果   长丝纱线易产生光滑效果

图 3 - 2 - 1   不同纱线的外观

此外，还要考虑纱线的密度，这是影响织物悬垂性的重要性因素，会对最终制成的产品款型产生影响。

二、色彩

色彩，能够给人留下深刻的印象，是影响针织毛衫整体效果的重要因素之一。不同的色彩，传递给人的感受是不同的，如暖色（红、橙和黄色），给人热烈温暖感；较冷色（蓝、绿和紫色），则显得清新淡雅；深色，易令着装者显得苗条；浅色，易令着装者显得丰满。

通过不同色彩的组合可以形成风格不同的图案，在应用色彩时，要注意和提花、挂毛、印花、绣花等工艺的组合，确保设计细节展现恰当、合适。要注意不同色彩的位置分布和颜色对比。一般而言，选择宽阔的直条纹和颜色对比较大的图案，视觉效果会比较强烈，选择低纯度和色差较小的图案可以减弱视觉效果。选择柔和而隐约的色调来代替对比强烈的色彩，可以获得沉静优雅的效果。

想要降低色彩的强烈对比效果，可以降低色彩的纯度；反之，提高色彩纯度，或与黑色、白色搭配易形成强烈的对比，而混入灰色则变得柔和。图 3 - 2 - 2 为毛衫色彩的设计图。

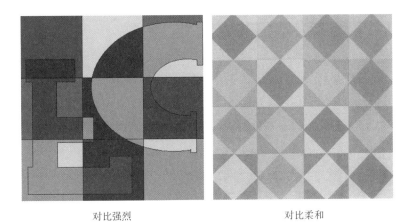

对比强烈　　　　　　　　对比柔和

图 3 - 2 - 2　毛衫的色彩设计图

三、产品组织结构

采用不同的组织结构，能够塑造不同外观和性能的针织物，如单边织物轻薄，有卷边性；罗纹织物有弹性和坑纹效果；双面的罗纹半空气层织物和罗纹空气层织物有稠密、结实的质感；半畦编和全畦编织物具有凸纹和丰满的外观（图 3 - 2 - 3）。如果精通基本的编织技巧和方法，就可以有效把控织物的外观效果与特性。

图 3 - 2 - 3　不同组织结构的针织织物

目前，利用编织毛衫的横机，采用成圈、集圈和空编这三种基本线圈结构单元，可以塑造出各种各样、适用性广的单面和双面针织织物。进行组织结构设计时，需要注意以下方面：

（1）一个有特色的织法或花样无须重复遍布在整件织物上，只要简约地编排在适当的位置上，就能获得好的效果。

（2）编织的密度会影响织物的质感，也会在一定程度上影响针织毛衫的生产、款型以及外观，因此既不宜过于紧密，也不能太过松弛。

（3）进行编织结构设计需要考虑生产效益，不一定是高难度的编织结构才可以达到最好效果，要考虑是否能够做到批量化生产。

此外，计算机自动化设计系统和计算机毛织生产设备得到广泛应用，这大大提升了编织的功能和效率，也使得开发创意织艺更为容易。如"智能工艺单纸"软件为成形编织结构设计提供了快捷准确的工艺单编织以及用料、产值计算。当然，也不能完全忽略手工编织，一些特色织法仍要通过手工编织及其机器才能实现，尤其是手工编织机器具有一定的灵活性，在现代社会仍有用武之地。

四、产品款式

随着毛衫编织机器和工艺技术的不断发展，款式创作也得到了很大的提高。如毛衫本多作为冬装穿着，如果采用棉、绢丝、黏纤等春夏季理想的纤维材料，可创造出适合夏天穿着的针织服装，若加入弹力丝，可增加织物的弹力，款式上也具有更大的创作空间，可以塑造 X、A、H 等廓型。

针织毛衫是由 $1\frac{1}{2}$ 针蓬松的粗针到 18 针精致的细针编织而成的。细针编织是今后针织毛衫发展的重要趋势，尽管毛衫的优点是具有较好的弹性和回复性，但仍然要强调衣服的款式造型，注重体积、体型、体态的效果，以衬托身材（图 3 - 2 - 4）。

因此，既要注重毛衫的款式设计，使其具有良好的轮廓与外观，同时还要掌握不同的工艺技术对毛衫款型的影响（图 3 - 2 - 5），并利用后整理中的洗烫工序做好毛衫整形工作。注意在这个过程中，不要忽视任何细节，即使是熨衣用的熨板也很重要，对款型有很大影响。

图 3 - 2 - 4　毛衫的款式形态

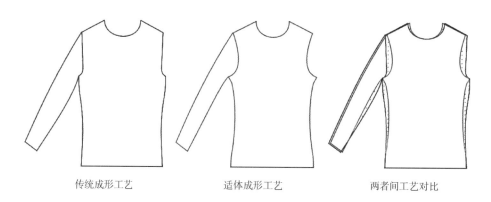

传统成形工艺　　　　　适体成形工艺　　　　　两者间工艺对比

图 3 - 2 - 5　不同的成形工艺对款型的影响

五、辅料

辅料包括绣花线、珠饰、珠片、纽扣、拉链、橡筋、标签、挂牌等（图3-2-6），精致和优质的辅料会为衣服增值。

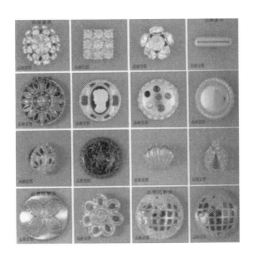

图3-2-6　辅料设计

辅料设计包含装饰性和实用性两方面，既要发挥辅料美化装饰的作用，又要突出其实用功能，同时还要满足毛衫的加工要求和护理要求，确保毛衫品质合格。

六、产品附加工设计

产品附加工设计主要是指装饰，如钩编、手工或机器刺绣、钉珠、印花、贴布、镶皮等，可以为毛衫服装增值（图3-2-7）。

毛衫会在附加工前洗熨，以去除毛衫织物折皱，并达到尺寸稳定的目的。选择加工物料不能只从美观角度，必须要符合质检要求，确保成品安全性达标，如不含毒性和危险物质。

图3-2-7　钩编毛衫

第三节　青年女装针织毛衫设计与开发实例

在设计与开发青年女装针织毛衫时，要着重从以下方面考量：

（1）纱线：可选用含化纤成分的纱线，以方便穿着和护理。

（2）色彩：少女会倾向时兴的颜色，颜色组合可以多元化。

（3）编织：即使是基本的编织结构也可以做出多种的变化，该阶段的女性多喜欢具有特色效果的织法，以凸显个性。

（4）款式：毋惧繁复，最重要的是要有个性。

（5）加工：可以采用数码印花设计，强调图案。

（6）辅料：选择别致、有特色的辅料，如纽扣、饰物等，能为产品增色，成为卖点。

下面具体介绍一款青年女装针织毛衫设计与开发的实例，内容涉及主题说明、灵感来源、设计创作、工艺制作等，通过实际案例的讲解，展示针织毛衫的整个设计与制作过程。

一、主题说明

羊毛衫的主题为一天（ONE DAY）。每天对于我们来说既相同又不一样，每天太阳都升起、落下，但天空却在发生着变化，有时灰、有时蔚蓝、有时有云朵、有时又是白茫茫一片……就像少女的心境一样，变化莫测。因此，一天中天空的变化既是整个服装系列设计的主题，也是色彩和款式设计的取材之源，据此制作主题板（图3-3-1）。

图3-3-1　主题板

二、灵感来源

（一）灵感元素的思考

将一天天空的变化按时间先后顺序分为早、中、晚三个部分，采取不同时刻天空的变化作为灵感来源（图3-3-2）。整体设计上，较多地运用扭花组织结构来体现天空中层叠的云彩，色彩多以灰色调来表现，体现天空中云的朦胧。

图3-3-2　一天的早、中、晚天空变化

1. 清晨

由一天之初的清晨，联想到充满勃勃生机的森林，再联想到森林里许多的动物。蝉，就是其中的一种。在这里，以蝉为灵感，进行毛衫织物设计。

在色彩上，以绿色调为主，给人清新的感觉；在组织结构上，采用与蝉翼纹理相似的扭绳设计（图3-3-3）；在款式上，采用简单、宽松的运动系列，以体现少女充满青春活力的特点。

图3-3-3　毛衫织物设计（清晨）

2. 午后

午后天空，一望无尽的蓝，让人惬意，也引发了对毛衫织物的新的创作。

在色彩上，以蓝色调为主；在组织结构上，采用与午后湖面波纹相似的间断式扭绳设计（图3-3-4）；在款式上，采用贴体设计，展现简单、清新、干练的感觉。

图3-3-4　毛衫织物设计（午后）

3. 黄昏

由日落联想到黄昏，黄昏的天空铺满了金黄色，摄人心魄，成为激发毛衫织物创作的灵感。

在色彩上，以黄色调为主；在组织结构上，联想到在夜晚出没的蝙蝠，采用蝙蝠翅膀的纹理作为设计元素，应用有体积感的扭绳设计，创造出明显的肌理效果（图3-3-5）；在款式上，采用惬意、舒适的休闲装。

图3-3-5　毛衫织物设计（黄昏）

（二）制作灵感来源板

综上所述，汇集、整理灵感来源——清晨、午后、黄昏的元素，设计制作灵感来源板（图3-3-6）。

图 3 - 3 - 6 灵感来源板

三、设计创作

(一) 总体设计思路

整个系列分为三个部分，每个部分根据一天中不同的色彩和情绪状态来展现设计概念。

1. 色彩

采用绿、蓝和金色为主色调，并制作色彩板（图 3 - 3 - 7）。

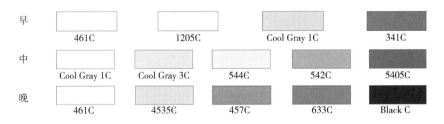

图 3 - 3 - 7 色彩板

2. 组织结构

整个系列设计以扭绳、罗纹和底面针的组合为其设计特色，尤其是采用立体肌理感强的扭绳组织贯穿始终，并尝试制作面料小样（图 3 - 3 - 8）。

3. 款式

整个系列的款式主要采用矩形和椭圆形的廓型设计，造型显得比较丰满、有型。

图 3 - 3 - 8　面料小样

（二）系列设计说明

1. "清晨"运动款设计（图 3 - 3 - 9）

（1）色彩：利用深绿和灰黄为"清晨"运动款设计的主色调，通过低明度和低纯度来体现清晨灰蒙蒙的景象；同时配以奶黄色的毛衣，给人可爱、温暖的感觉。

（2）款式：一款选用肩带不对称的背带裙设计，背带设计使服装显得青春有活力，裙子则设计为前后片长度不一的造型，增添个性化色彩；另一款设计为连体短裤，体现青春动感，肩部采用贴心的可折叠式设计，冷的时候可以像披肩一样放下，让肩部感觉保暖。两款的扭绳花纹组织是设计的一大特点。

（3）穿着场合：生活、旅游、出行、运动时穿着。

图 3 - 3 - 9　"清晨"运动款设计

2. "午后"职业款设计（图3–3–10）

（1）色彩：以蓝白交替的色彩象征蓝天白云，蓝色调给人清凉、明洁、简单、干练的感觉。

（2）款式：套装设计，一款为高腰七分袖衣服配高腰中长裙，既职业又有自己独特的韵味，衣服与裙子上均采用了对称的扭绳图案设计，但图案大小不同，构成了具有趣味性的装饰；另一款采用七分袖贴身的长款毛衣配高腰短袖服装，可拉长人的身材比例，外套采用立体感、肌理感强的扭绳组织，成为服装的亮点。

（3）穿着场合：适合女性上班穿用，给人明快、鲜活的感觉。

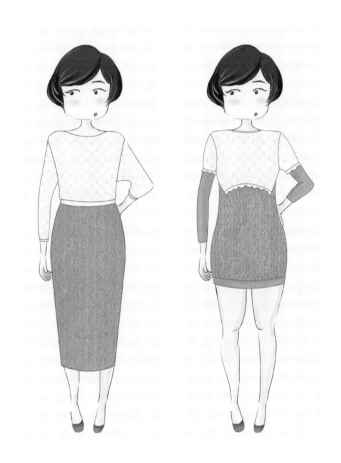

图3–3–10　"午后"职业款设计

3. "黄昏"休闲款设计（图3–3–11）

（1）色彩：以暖黄色为主色调，体现一天中的黄昏景致。内搭服装则采用蓝绿色调，象征即将夜幕的天空，同时也与暖黄色做了一个微弱的对比，达到一种微妙的平衡，让人感到放松。

（2）款式：晚上服装主要以休闲保暖为主，因此两款采用具有保暖作用的长款外套，内搭不对称的一字领毛衣，毛衣的不对称设计是亮点，传递出青春、叛逆及个性。其中一款外套以蝙蝠的翅膀为灵感，采用扭绳结构，给简单的布料增加了趣味性。

（3）穿着场合：适合平常生活、出行穿着。

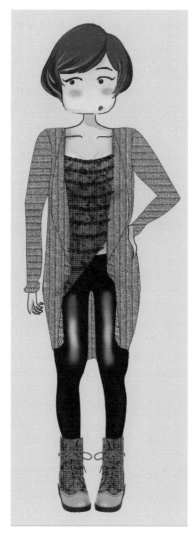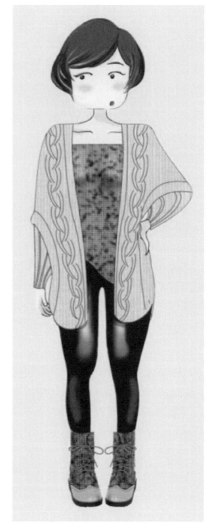

图 3 – 3 – 11　"黄昏"休闲款设计

（三）系列设计整体展示

最后，汇总每个部分的设计，从而形成了完整的系列设计整体展示图（图 3 – 3 – 12）。

四、工艺制作

在这里仅以"午后"职业款为案例，进行工艺制作并加以讲解。图 3 – 3 – 13 为套装款式图，外套是圆领平肩弯夹短袖底面针短款毛衫，内搭圆领平肩弯夹七分袖扭绳长款毛衫。图 3 – 3 – 14 为编织后的成品效果。现以此款毛衫为例，进行工艺设计，步骤如下：

图 3 - 3 - 12 系列设计整体展示

图 3 – 3 – 13　"午后"职业款设计

图 3 – 3 – 14　"午后"职业款成品

（一）织样片

根据设计图的组织结构编织样片，编织前需要确定意匠图（用方格纸表示）以及织物密度，用以计算支数和转数。采用"智能工艺单纸"软件设计排针循环图（用方格纸表示），图 3 – 3 – 15 为底面针意匠图，图 3 – 3 – 16 为扭绳针意匠图。

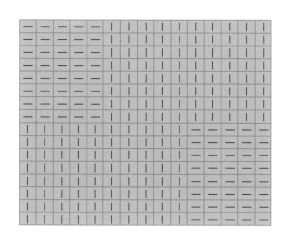

图 3 – 3 – 15　底面针意匠图

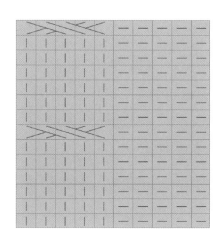

图 3 – 3 – 16　扭绳针意匠图

（二）制定生产单

制定生产单，生产单上罗列了制作毛衫成品的数据，包括毛衫各部位的具体尺寸、编织针号、纱线（或毛料）成分和支数等。图3-3-17为圆领平肩弯夹短袖正反针短款毛衫的生产单，图3-3-18为内搭圆领平肩弯夹七分袖扭绳长款毛衫的生产单。

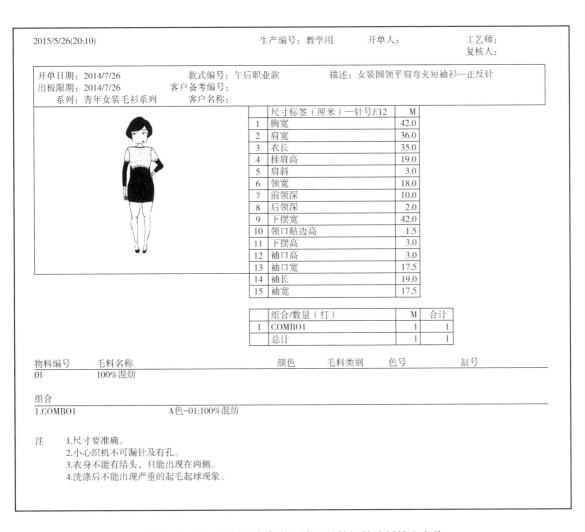

图3-3-17 圆领平肩弯夹短袖正反针短款毛衫的生产单

（三）设定尺寸

在"智能工艺单纸"软件里，将生产单里毛衫尺寸对应设定到图中相应的位置。图3-3-19为圆领平肩弯夹短袖底面针短款毛衫的尺寸设定，图3-3-20为内搭圆领平肩弯夹七分袖扭绳长款毛衫的尺寸设定。

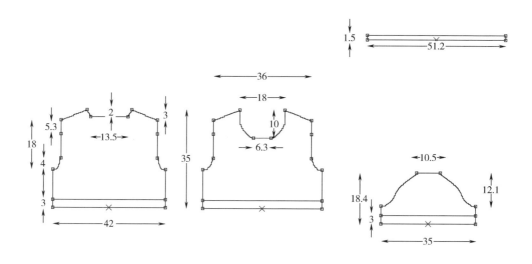

| 2015/5/26(20:03) | 生产编号：教学用 | 开单人： | 工艺师： |
| | | | 复核人： |

开单日期：2014/7/26　　　　款式编号：午后职业款　　　描述：女装圆领平肩弯夹七分袖长款—扭绳
出办限期：2014/7/26　　　　客户备考编号：
系列：青年女装毛衫系列　　　客户名称：

	尺寸标签（厘米）—针号E12	M
1	胸宽	45.0
2	肩宽	36.0
3	衣长	75.0
4	挂肩高	19.0
5	肩斜	3.0
6	领宽	22.0
7	前领深	7.0
8	后领深	2.0
9	下摆宽	45.0
10	领口贴边高	2.5
11	下摆高	3.0
12	袖口高	0
13	袖口宽	11.2
14	袖长	42.0
15	袖宽	14.0

	组合/数量（打）	M	合计
1	COMBO1	1	1
	总计	1	1

物料编号	毛料名称	颜色	毛料类别	色号	缸号
01	100%混纺				

组合
1. COMBO1　　　　　　　　A色–01:100%混纺

注　　1.尺寸要准确。
　　　2.小心织机不可漏针及有孔。
　　　3.衣身不能有结头，只能出现在两侧。
　　　4.洗涤后不能出现严重的起毛起球现象。

图 3 - 3 - 18　圆领平肩弯夹七分袖扭绳长款毛衫的生产单

图 3 - 3 - 19　圆领平肩弯夹短袖底面针短款毛衫的尺寸设定

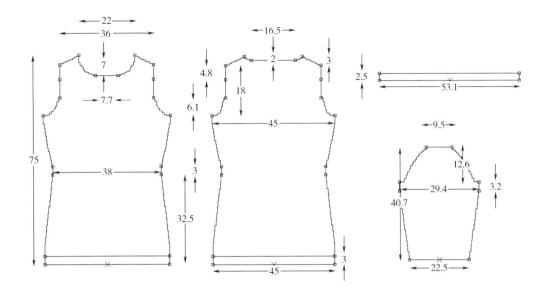

图 3 – 3 – 20 圆领平肩弯夹七分袖扭绳长款毛衫的尺寸设定

（四）计算支数和转数

根据织物织片（样片）所得到的每厘米横向密度和直向密度，计算出每个设定尺寸的部位的针数（横向）和转数（纵向）。

1. 圆领平肩弯夹短袖底面针短款毛衫的织物密度

图 3 – 3 – 21 为圆领平肩弯夹短袖底面针短款毛衫的支数与转数明细。衣身：6. 15 支/cm × 4. 12 转/cm。下摆：5. 3 转/cm。

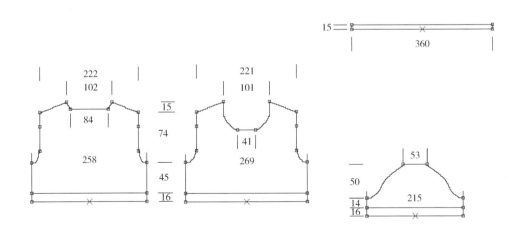

图 3 – 3 – 21 圆领平肩弯夹短袖底面针短款毛衫的支数与转数明细

2. 圆领平肩弯夹七分袖扭绳长款毛衫的平方密度

图3-3-22为内搭圆领平肩弯夹七分袖扭绳长款毛衫的支数与转数明细。衫身：3.75支/cm×2.73转/cm。下摆：3.33转/cm。袖：3.5支/cm×2.6转/cm。

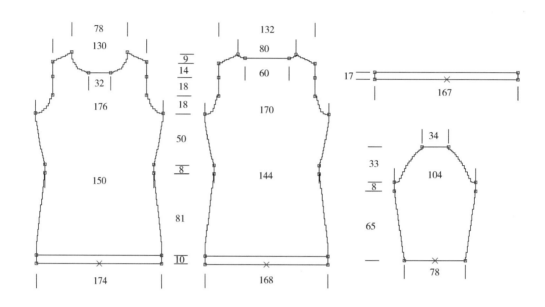

图3-3-22   圆领平肩弯夹七分袖扭绳长款毛衫的支数与转数明细

（五）制作工艺单

采用"智能下数纸"软件，分别根据各部位针数与转数的差值计算工艺，并制作工艺单（图3-3-23、图3-3-24）。

（六）缝合说明

填写缝合说明单，以帮助缝合工艺师准确快速对位所要缝合的衣片。具体缝合说明单填写如下（图3-3-25、图3-3-26）。

生产编号：教学用（款式编号：午后职业款）　　工艺师：

尺码 M

圆领平肩弯夹短袖正反针短款毛衫的下数工艺单		
测量单位：厘米		前后衣袖（针号：E12） 毛料：1条毛 组织：令士 面字码：10支拉$1\frac{6}{8}$英寸 线圈长： 平方：6.15支×4.12转 (0.123)
胸宽	42.0	
肩宽	36.0	
衣长	35.0	
挂肩高	19.0	
肩斜	3.0	
领宽	18.0	
前领深	10.0	下摆及袖口（1×1） 毛料： 面字码：10支拉$2\frac{2}{8}$英寸 线圈长： 平方：5.3转
后领深	2.0	
下摆宽	42.0	
领口贴边高	1.5	
下摆高	3.0	
袖口高	3.0	
袖口宽	17.0	
袖长	19.0	
袖宽	17.0	

每打落机重量（磅）		毛料名称
前片重		100%混纺
后片重		
袖重		
领口贴边重		
其他		
总重		
复核人		

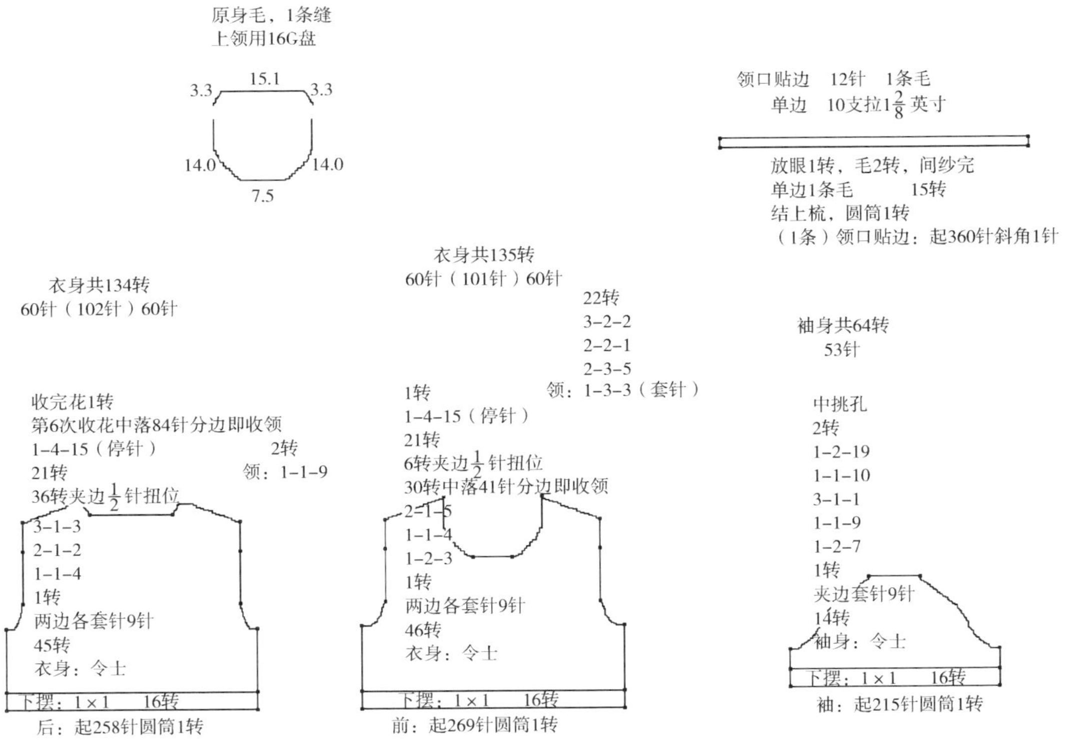

原身毛，1条缝
上领用16G盘
3.3
15.1
3.3
14.0
14.0
7.5
领口贴边　12针　1条毛
单边　10支拉$1\frac{2}{8}$英寸
放眼1转，毛2转，间纱完
单边1条毛　15转
结上梳，圆筒1转
（1条）领口贴边：起360针斜角1针
衣身共134转
60针（102针）60针
收完花1转
第6次收花中落84针分边即收领
1-4-15（停针）
21转
36转夹边$\frac{1}{2}$针扭位
3-1-3
2-1-2
1-1-4
1转
两边各套针9针
45转
衣身：令士
2转
领：1-1-9
下摆：1×1　16转
后：起258针圆筒1转
衣身共135转
60针（101针）60针
22转
3-2-2
2-2-1
2-3-5
领：1-3-3（套针）
1转
1-4-15（停针）
21转
6转夹边$\frac{1}{2}$针扭位
30转中落41针分边即收领
2-1-5
1-1-4
1-2-3
1转
两边各套针9针
46转
衣身：令士
下摆：1×1　16转
前：起269针圆筒1转
袖身共64转
53针
中挑孔
2转
1-2-19
1-1-10
3-1-1
1-1-9
1-2-7
1转
夹边套针9针
14转
袖身：令士
下摆：1×1　16转
袖：起215针圆筒1转

图 3-3-23　圆领平肩弯夹短袖正反针短款毛衫的下数工艺单

生产编号:教学用(初板,款式款) 款式编号:午后职业款 工艺师:

尺码 M

圆领平肩弯夹七分袖扭绳针长款毛衫的下数工艺单

测量单位:厘米

测量单位:厘米		
胸宽	45.0	前后片(针号:E7)
肩宽	36.0	毛料:2条毛
衣长	75.0	组织:5×4
挂肩高	19.0	前字码:10支拉2 8 英寸
肩斜	3.0	底字码:10支拉2 6 英寸
领宽	22.0	平方:3.75针×2.73转
前领深	7.0	袖(针号:E7)
后领深	2.0	毛料:2条毛
腰高前片测量	38.0	组织:5×4
下摆宽	41.0	前字码:10支拉2 7 英寸
领口贴边高	2.5	底字码:10支拉2 6 英寸
下摆边高	3.0	平方:3.5针×2.6转
袖口高	0	下摆及袖口(2×1)
袖口宽	11.2	毛料:2条毛
袖长	42.0	组织:5×4
袖宽	14.0	前字码:10支拉2 8 英寸
		底字码:10支拉2 3 英寸
		平方:3.33转

每打落机重量(磅)	毛料名称:	
前片片重	60%山羊绒40%羊毛	
后片片重		
袖重		
领口贴边重		
其他		
总重		
复核人		

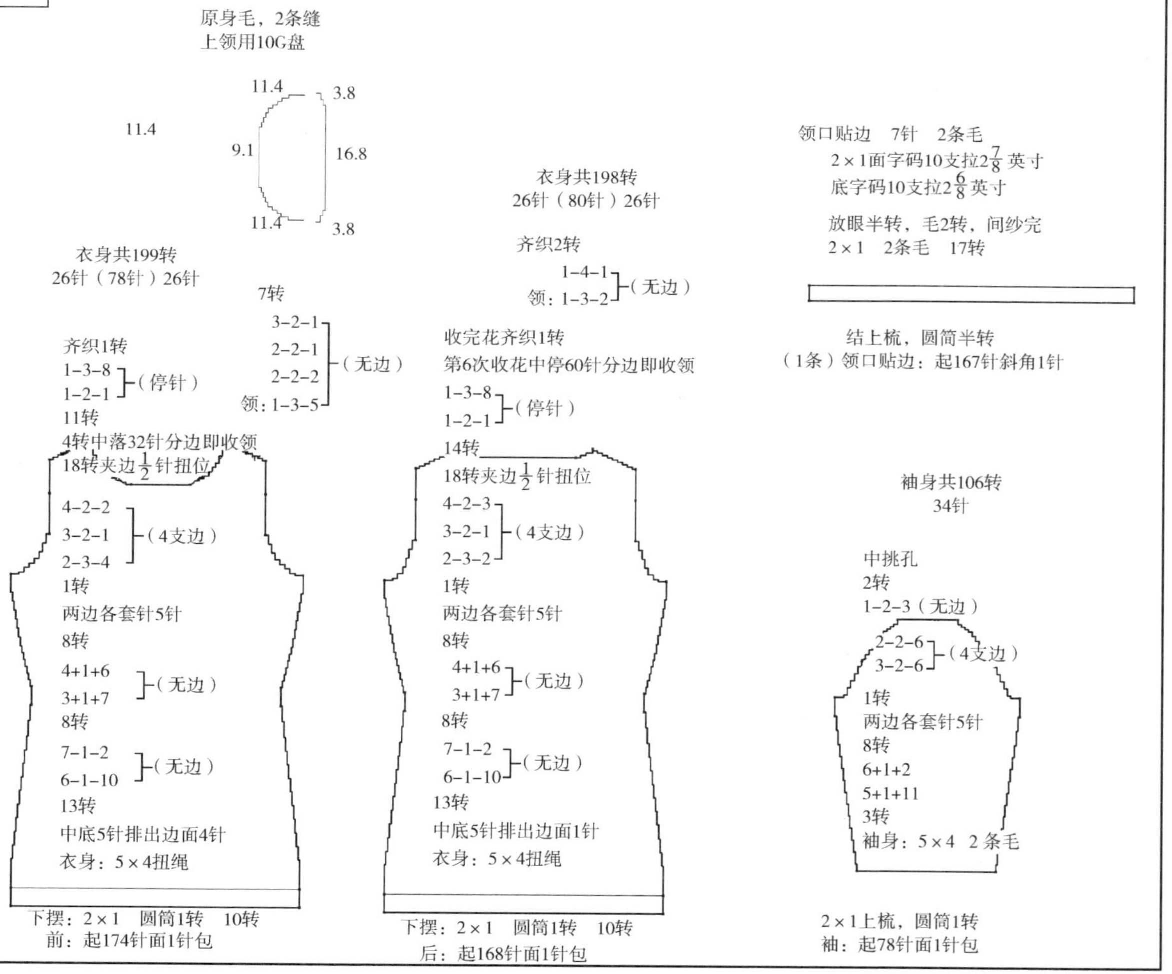

原身毛,2条缝
上领用10G盘

11.4   3.8
9.1   16.8
11.4   3.8

领口贴边: 7针 2条毛
2×1面字码10支拉2 8 英寸
底字码10支拉2 6 英寸 同纱完
放眼半转,毛2转,同纱完
2×1 2条毛 17转

结上梳,圆筒半转
(1条)领口贴边:起167针斜角1针

衣身共198转
26针(80针)26针
齐织2转
领:1-3-2](无边)

收完花齐织11转
第6次收花中停60针分边即收领
1-3-8
1-2-1](停针)
14转
18转夹边 2针扭位
4-2-3
3-2-1](4支边)
2-3-2
1转
两边各套针5针
8转
4+1+6
3+1+7
8转
7-1-2](无边)
6-1-10
13转
中底5针排出边面1针
衣身:5×4扭绳
下摆:2×1 圆筒1转 10转
后:起168针面1针包

衣身共199转
26针(78针)26针
齐织2转
领:1-3-5](无边)
3-2-1
2-2-1](无边)
2-2-2
7针

衣身中落32针分边即收领
18转夹边 2针扭位
4-2-2
3-2-1](4支边)
2-3-4
1转
两边各套针5针
8转
4+1+6
3+1+7
8转
7-1-2](无边)
6-1-10
13转
中底5针排出边面4针
衣身:5×4扭绳
下摆:2×1 圆筒1转 10转
前:起174针面1针包

袖身共106针
34针
中挑孔
2转
1-2-3(无边)
2-2-6](4支边)
3-2-6]
1转
两边各套针5针
8转
6+1+2
5+1+11
3转
袖身:5×4 2条毛
2×1上梳,圆筒1转
袖:起78针面1针包

图3-3-24 圆领平肩弯夹七分袖扭绳针长款毛衫的下数工艺单

生产编号：教学用（款式编号：午后职业款）

描述 圆领平肩弯夹短袖衫—正反针
毛料 100%混纺
日期
生产编号 教学用
系列 青年女装毛衫系列
款式编号 午后职业款
测量单位 厘米
缝毛 原身毛，1条缝
16G盘缝，绸领用16G盘
机号
M码

缝2针

360针
领口贴边

缝轴要顺，止口约0.5cm

第1个轴花下3转
对第1个夹花下3转
对头尾花缝2针，留2支边

缝2针

缝2针，留2支边

3.3   14.0

15.1

3.3   14.0   7.5

下摆上12cm缝洗水标 ——□

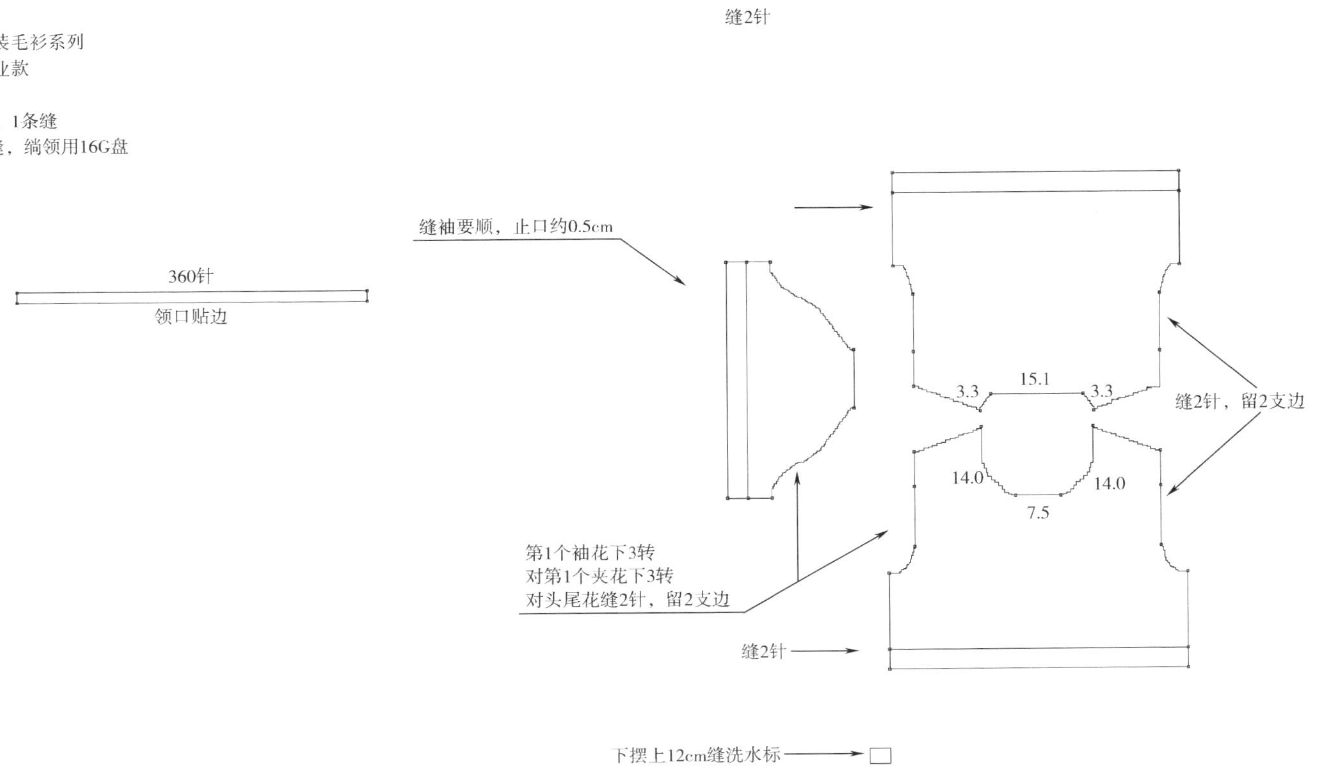

图 3－3－25　圆领平肩弯夹短袖正反针反针短款毛衫的缝合说明

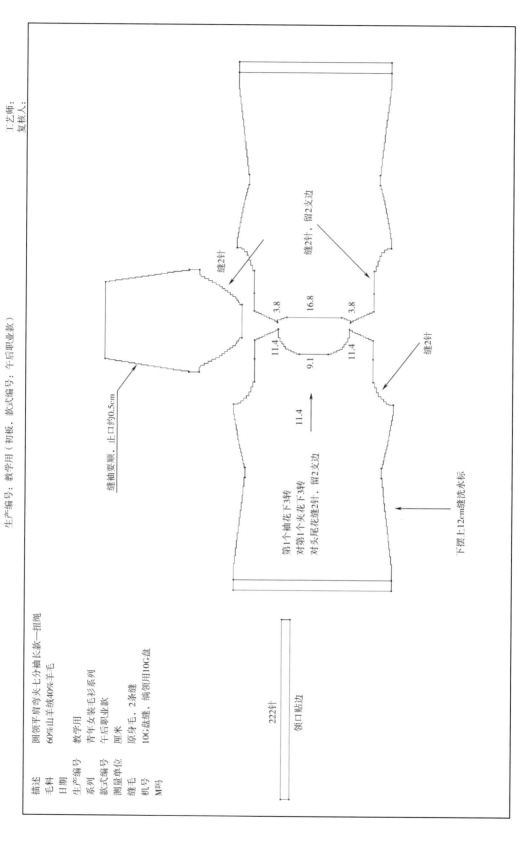

缝2针

缝2针，留2支边

3.8

16.8

3.8

11.4

9.1

11.4

缝2针

缝袖要顺，止口约0.5cm

11.4

第1个袖花下3转
对第1个夹花下3转
对头尾花缝2针，留2支边

下摆上12cm缝洗水标

222针

领口贴边

描述　　圆领平肩弯夹七分袖长款一扭绳
毛料　　60%山羊绒线40%羊毛
日期
生产编号　教学用
系列　　青年女装毛衫系列
款式编号　午后职业款
测量单位　厘米
缝毛　　原身毛，2条缝
　　　　10G盘缝，编领用10G盘
机号
M叫号

图3－3－26　圆领平肩弯夹七分袖扭绳长款毛衫的缝合说明

第四节　中年女装针织毛衫设计与开发实例

在设计与开发女中年针织毛衫时，要着重从以下方面考量：

（1）纱线：中年消费者比较青睐优质的天然纤维织物，如绢丝、羊绒等，因此可以多选用天然纤维纱线。

（2）色彩：以深色为主，会使体型显得更为苗条。

（3）编织：多采用简单织法，如平针组织，以配合简洁稳重的款式。

（4）款式：讲究简洁大方、合身。

（5）加工：强调细致的做工，可以采用筛网印花和绣花，这些都深受中年女士的喜爱。

（6）辅料：选择别致、有特色的辅料，如纽扣、饰物等，能为产品增色，成为卖点。

下面具体介绍一款中年女装针织毛衫设计与开发的实例，内容涉及主题说明、灵感来源、设计创作、工艺制作等，通过实际案例的讲解，展示针织毛衫的整个设计与制作过程。

一、主题说明

羊毛衫主题为回忆（Memory）。酸甜苦辣的回忆充斥着人的一生，有幸福的时刻、生气的时刻、释然的时刻……幸福，是最甜蜜、最温馨、充满着喜悦表情的时刻；生气，是充满争吵、泪水和愤怒的时刻；释然，是淡然、随性、平静、自由的时刻。据此制作主题板（图 3 - 4 - 1）。

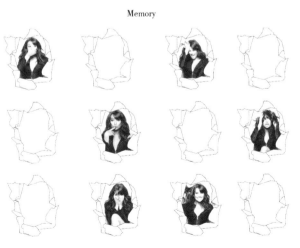

图 3 - 4 - 1　主题板

二、灵感来源

（一）灵感元素的思考

以不同的回忆体会作为灵感来源，从中选择带有三种情绪的回忆——幸福的、生气的和释然的回忆进行系列设计。整体设计上，采用不同的组织结构来体现不同的回忆感受，色彩也根据情绪产生起伏变化。

1. 幸福的回忆

幸福的回忆有很多，但女人一生中最幸福的时刻就是步入婚姻殿堂的时候（图3-4-2）。在色彩上，以粉色调为主，突出温馨浪漫的情怀；在组织结构上，采用扭绳组织凸显热恋中人们的亲密无间；在款式上，则采用简洁的廓型，以烘托色彩。

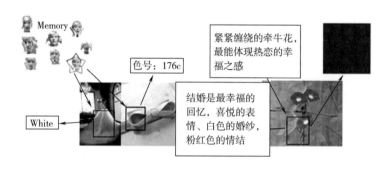

图3-4-2　毛衫织物设计（幸福的回忆）

2. 生气的回忆

有幸福的时刻，也有痛苦的时刻。当生气时，常常怒火冲冠，带着愤怒的表情（图3-4-3）。设计时，采用黑色与白色来表现强烈的情绪波动；通过网状镂空组织来表达生气时的心情和情感破碎。

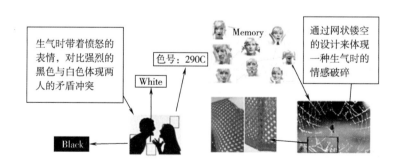

图3-4-3　毛衫织物设计（生气的回忆）

3. 释然的回忆

经过时间的洗礼，随着年龄的增长，人的内心更加平和、宽容，能释然的对待人和事

（图3-4-4）。设计时，采用淡绿色展现平和的心态，体现历经沧桑后的释然和轻松；组织结构采用平稳、板直的罗纹半空气层组织。

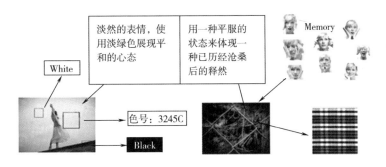

图3-4-4 毛衫织物设计（释然的回忆）

（二）制作灵感来源板

综上所述，汇集、整理灵感来源——幸福、生气、释然的元素，设计制作灵感来源板（图3-4-5）。

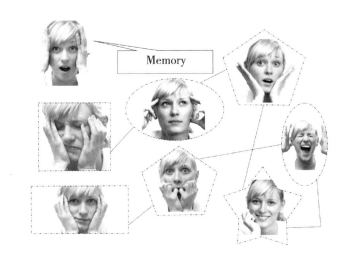

图3-4-5 灵感来源板

三、设计创作

（一）总体设计思路

整个系列分为三个部分，每个部分根据不同的回忆情绪来展现设计概念。

1. 色彩

整个系列采用同类色和对比色进行搭配，以低纯度、高明度的色彩为主，灰色系为辅，并制作色彩板（图3-4-6）。

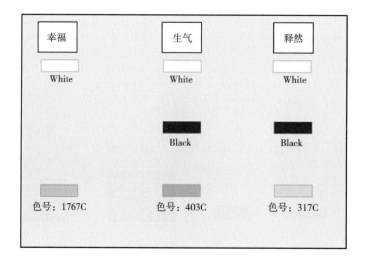

图 3 - 4 - 6   色彩板

2. 组织结构

在"幸福的回忆"系列中，采用紧密的针织组织，如罗纹和扭绳组织；在"生气的回忆"系列中，采用镂空、渔网状的疏松组织；在"释然的回忆"系列中，采用黑白印花的罗纹半空气层、四平、罗纹空气层组织，并尝试制作面料小样（图 3 - 4 - 7）。

图 3 - 4 - 7   面料小样

3. 款式

采用简约、不易过时的矩形廓型，并贯穿于整个设计系列中。

（二）系列设计说明

1. "幸福的回忆"款式设计（图 3 - 4 - 8）

（1）色彩：通过粉红色与白色的搭配，体现幸福的温暖感。

（2）款式：采用简单的廓型设计，通过扭绳组织寓意两人亲密无间的幸福时刻。

（3）穿着场合：适合日常生活、出行穿着。

2. "生气的回忆"款式设计（图 3 - 4 - 9）

（1）色彩：通过黑白色彩的强烈对比来表现愤怒感。

（2）款式：采用简单的廓型设计，通过镂空组织来体现忧伤、破碎的感情。

（3）穿着场合：适合日常生活、出行穿着。

图3-4-8 "幸福的回忆"款式设计

图3-4-9 "生气的回忆"款式设计

3. "释然的回忆"款式设计（图3－4－10）

（1）色彩：使用淡淡的绿色来展现一种随遇而安的心态，黑白格子图案体现了一种优雅、大方与从容。

（2）款式：采用简单的廓型设计，组织结构上通过罗纹半空气层组织让布面平整、干净，象征释怀后的内心平静。

（3）穿着场合：适合工作或出席正式场合穿着。

图3－4－10　"释然的回忆"款式设计

（三）系列设计整体展示

最后，汇总每个部分的设计，从而形成了完整的系列设计整体展示图（图3－4－11）。

图 3 – 4 – 11 系列设计整体展示

四、工艺制作

　　本章第三节的工艺制作部分，是与设计部分衔接的。但是此部分和接下来的第五节的工艺制作部分，以目前热卖的香港品牌"Love&Hope"所设计开发的一款女中年针织毛衫产品为实例（图 3 – 4 – 12），一方面能真实地呈现企业的生产单（图 3 – 4 – 13）和工艺单（图 3 – 4 – 14、图 3 – 4 – 15），另一方面还能使读者从中获取与市场相关的毛衫开发信息。

图 3 – 4 – 12　芝麻花短款开衫外套产品展示

客户	L+H							制单编号	LH13/00123
客人订单编号								本厂款号	LH-14-1653W
针号	E14针							发单日期	
款号								走货日期	
毛料成分/比例	A 2/48 100%MERINO WOOL JEMALA美丽奴羊毛							制造商	
	B 拉架（氨纶线）							产地	Hong kong
								完成质量	
款式	女装芝麻花短款开衫外套							制表	
								核对	
								总件数	60件

数量/颜色			S	M	L		用毛量	件数
色组 1	A 黑色 19-4205TP		4	5	3			12件
	B 配色拉架（氨纶线）		无	无	无			
色组 2	A 白色#84643		4	5	3			12件
	B 配色拉架（氨纶线）		无	无	无			
色组 3	A 灰色#84646		4	5	3			12件
	B 配色拉架（氨纶线）		无	无	无			
色组 4	A 玫红#84638		4	3	2			9件
	B 配色拉架（氨纶线）		无	无	无			
色组 5	A 黄色#84641		3	2	2			7件
	B 配色拉架（氨纶线）		无	无	无			
色组 6	A 中蓝 ASTRID		3	3	2			8件
	B 配色拉架（氨纶线）		无	无	无			

大货尺寸表

序号	部位	说明	S	M	L	初板	测量
1	衣长	领边至后片下摆	37	39	41		
2	胸宽	袖隆下2cm处测量	44	46	48		
3	肩宽	缝至缝	34	35	36		
4	肩斜	领边水平垂直测量	2	2	2		
5	肩缝靠后	小平肩					
6	前上胸宽						
7	后背宽	领下13cm	33	34	35		
8	挂肩高	垂直测量	18	19	20		
9	袖隆贴边						
10	袖长	肩缝至袖口	54	55	56		
11	袖口宽	从底边测量	9	9.5	10		
12	袖口高	袖口加入拉架，并编织0.5cm高度					
13	袖宽	袖隆下2cm处测量	13	13.5	14		
14	腰宽	领边向下38cm处					
15	下摆宽	后片缝至缝	20	20	20		
16	下摆宽	后片下摆宽	40	42	44		
17	下摆宽	前片下摆宽	40	40	40		
18	下摆高	加入拉架，并编织0.5cm高度					
19	后领高	0.5cm高圆筒					
20	领宽	缝至缝	11	11.5	12		
21	前领深						
22	后领深						

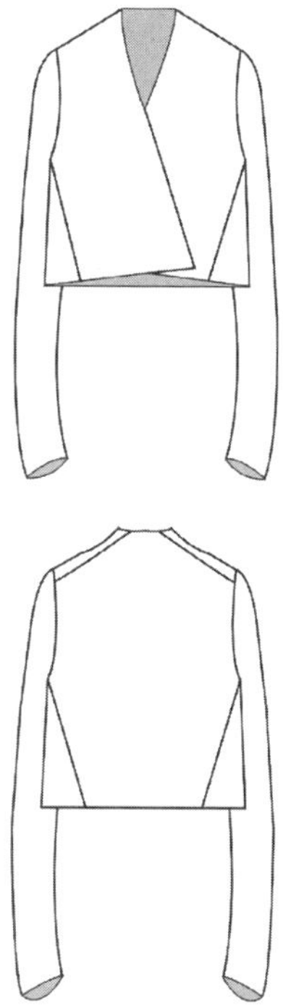

图 3-4-13 芝麻花短款开衫外套生产单

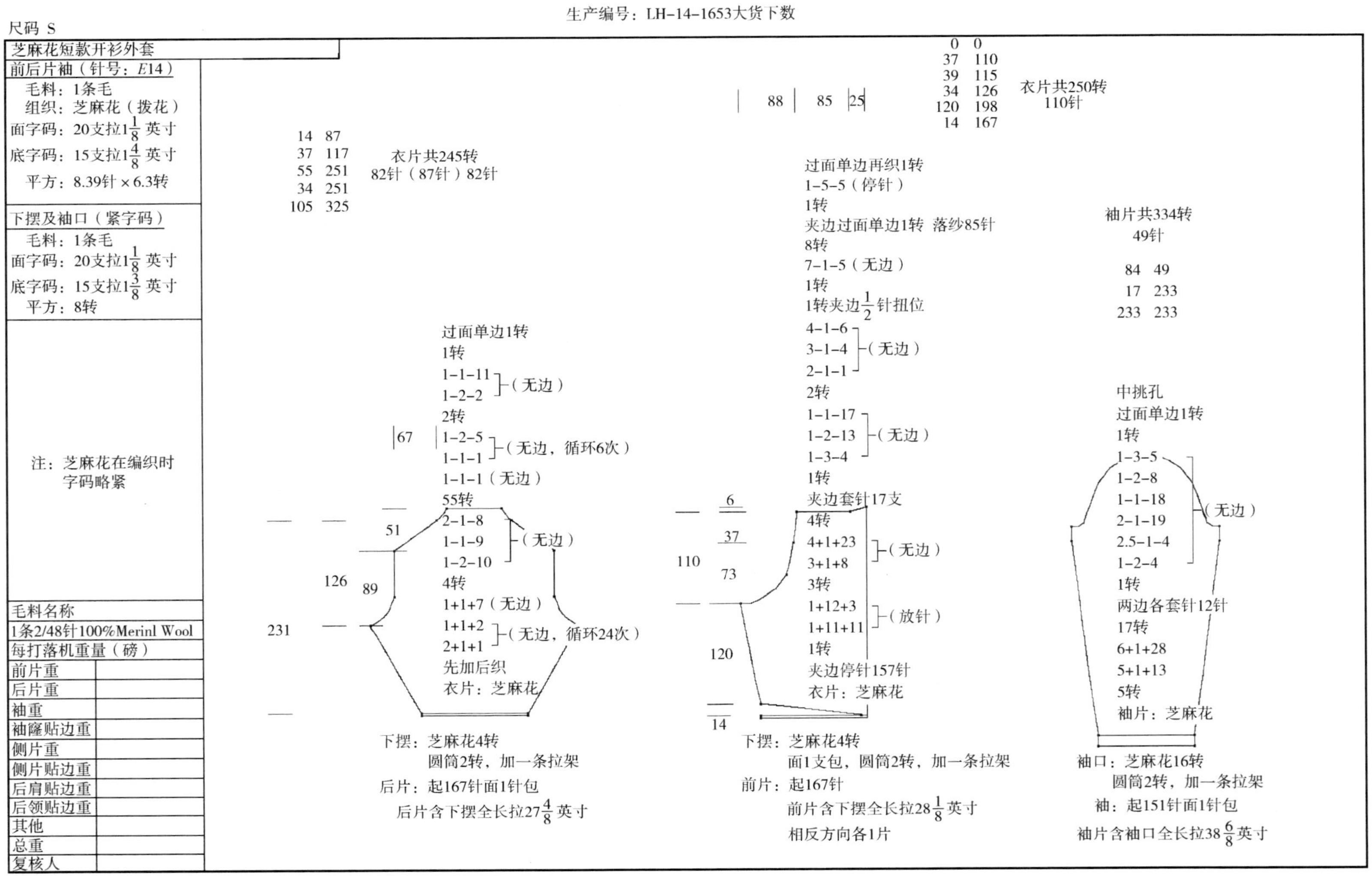
生产编号：LH-14-1653大货下数
尺码 S
芝麻花短款开衫外套
前后片袖（针号：E14）
毛料：1条毛
组织：芝麻花（拨花）
面字码：20支拉1 1/8 英寸
底字码：15支拉1 4/8 英寸
平方：8.39针×6.3转
下摆及袖口（紧字码）
毛料：1条毛
面字码：20支拉1 1/8 英寸
底字码：15支拉1 3/8 英寸
平方：8转
注：芝麻花在编织时字码略紧
毛料名称
1条2/48针100%Merinl Wool
每打落机重量（磅）
前片重
后片重
袖重
袖窿贴边重
侧片重
侧片贴边重
后肩贴边重
后领贴边重
其他
总重
复核人
14 87
37 117
55 251
34 251
105 325
衣片共245转
82针（87针）82针
过面单边1转
1转
1-1-11
1-2-2
（无边）
2转
67
1-2-5
1-1-1
（无边，循环6次）
1-1-1（无边）
55转
2-1-8
1-1-9
1-2-10
（无边）
4转
1+1+7（无边）
1+1+2
2+1+1
（无边，循环24次）
先加后织
衣片：芝麻花
51
126
89
231
下摆：芝麻花4转
圆筒2转，加一条拉架
后片：起167针面1针包
后片含下摆全长拉27 4/8 英寸
0 0
37 110
39 115
34 126
120 198
14 167
衣片共250转
110针
88
85
25
过面单边再织1转
1-5-5（停针）
1转
夹边过面单边1转 落纱85针
8转
7-1-5（无边）
1转
1转夹边1/2针扭位
4-1-6
3-1-4
2-1-1
（无边）
2转
1-1-17
1-2-13
1-3-4
（无边）
1转
夹边套针17支
4转
4+1+23
3+1+8
（无边）
3转
1+12+3
1+11+11
（放针）
1转
夹边停针157针
衣片：芝麻花
6
37
110
73
120
14
下摆：芝麻花4转
面1支包，圆筒2转，加一条拉架
前片：起167针
前片含下摆全长拉28 1/8 英寸
相反方向各1片
袖片共334转
49针
84 49
17 233
233 233
中挑孔
过面单边1转
1转
1-3-5
1-2-8
1-1-18
2-1-19
2.5-1-4
1-2-4
（无边）
1转
两边各套针12针
17转
6+1+28
5+1+13
5转
袖片：芝麻花
袖口：芝麻花16转
圆筒2转，加一条拉架
袖：起151针面1针包
袖片含袖口全长拉38 6/8 英寸

图 3-4-14 芝麻花短款开衫外套下数工艺单一

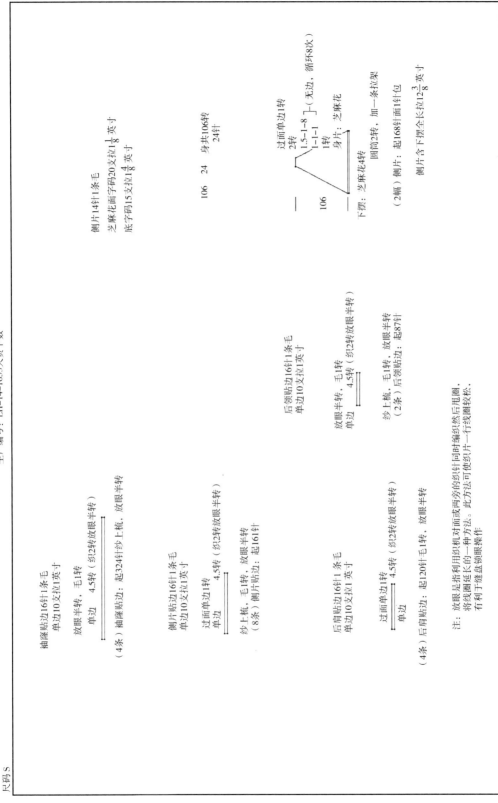

图 3 - 4 - 15　芝麻花短款开衫外套下数工艺单二

第五节　老年女装针织毛衫设计与开发实例

在设计与开发老年女装针织毛衫时，要着重从以下方面考量：

（1）纱线：要选吸湿性强的天然纤维纱线，如舒适的棉或保暖的羊毛。

（2）色彩：以深色为主，会使体型显得更为苗条；也可以选择浅色系，会使着装者显得更加年轻。

（3）编织：多采用基本的编织结构，可做出很多颜色、图案变化。

（4）款式：以易于穿着和带有功能性的款式为主。

（5）加工：可以采用筛网印花和绣花，这些都深受老年妇女的喜爱。

（6）辅料：可以采用别致、有特色的辅料，如纽扣、饰物等，能为产品增色，成为卖点，但用于老年女装针织毛衫时，必须注重安全性和易用性。

下面具体介绍一款老年女装针织毛衫设计与开发的实例，内容涉及主题说明、灵感来源、设计创作、工艺制作等，通过实际案例的讲解，展示针织毛衫的整个设计与制作过程。

一、主题说明

羊毛衫主题为人生。人的一生发生过很多事，但相对今天来讲，都只是过往。将人生分为三个时间节点：过去、现在、未来，作为整个服装系列设计的灵感，据此制作主题板（图3-5-1）。

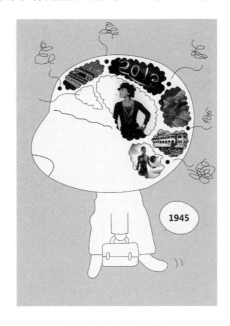

图3-5-1　主题板

二、灵感来源

（一）灵感元素的思考

以三个时间节点：过去、现在、未来为设计灵感，思考那些打动自己的东西，从中提取元素，开展系列设计（图3-5-2）：

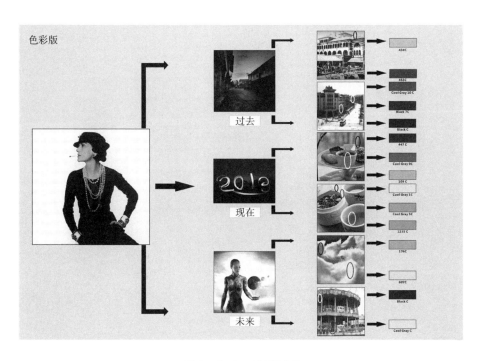

图3-5-2　灵感元素

1. 过去

每个家庭都存有很多旧照片，大多是黑白和泛黄的照片，过去的日子就记录在这些旧照片中，从中可以提取所需要的色彩。款式以优雅、简洁为主，继续延续20世纪香奈儿的经典设计。

2. 现在

由20世纪初期联想到如今富足的生活，让人们懂得品味生活，珍惜生活。对于老人而言，这是多么来之不易啊，他们热爱生活并幸福地享受着生活。设计上，以黑白为主色调，并从幸福的日常生活中提取色彩，如暖黄色，以这种温馨色彩为辅色；款式则以简洁方便的式样为主。

3. 未来

由现在又联想到了未来，每个人都在追求时尚、年轻化，即使年迈的长者也希望自己能青春永驻，永远都充满动力和乐趣。从富有能量、动感或能激发想象力的事物中提取色彩。设计上，不局限于深色调和简单的款式，而以鲜艳的色彩和浅色调为主。

（二）制作灵感来源板

综上所述，汇集、整理灵感来源——过去、现在和未来的所感所想，以此为灵感元素，设计制作灵感来源板（图3-5-3）。

图3-5-3   灵感来源板

三、设计创作

（一）总体设计思路

整个系列分为三个部分——过去、现在和未来，具体如下。

1. 色彩

整个系列采用同类色或邻近色进行搭配，主打色是无彩色，并辅以暖色调，然后制作色彩板（图3-5-4）。

2. 组织结构

整个系列设计以罗纹、扭绳和罗纹半空气层组织作为主要编织结构，并尝试制作面料小样（图3-5-5）。

3. 款式

整个系列主要采用收腰造型和矩形的廓型设计。

（二）系列设计说明

1. "过去"款式设计（图3-5-6）

（1）色彩：以旧照片为灵感，取其黑、白、褐色为主色调。

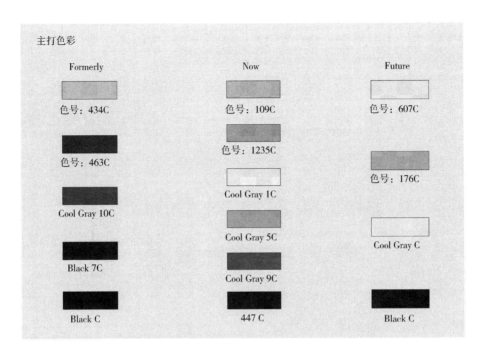

图 3 - 5 - 4　色彩板

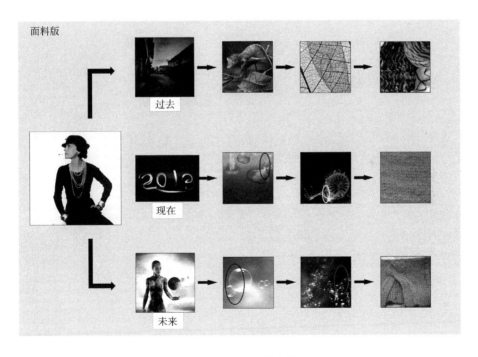

图 3 - 5 - 5　面料小样

（2）款式：一款以悉尼歌剧院的分割线为设计元素，采用罗纹组织，收腰、高领、长款为设计重点，强调保暖作用，适合长者在春、秋、冬季穿着；另一款则汲取了树叶稀疏的纹路作为面料肌理设计的灵感，采用挑孔组织和不对称的门襟设计，这是服装的亮点。

（3）穿着场合：适合日常生活、旅游、出行穿着。

图3-5-6　"过去"款式设计

2. "现在"款式设计（图3-5-7）

（1）色彩：服装从下午茶和甜点中汲取色彩，内搭毛衫为黄色，体现了对生活乐观、悠闲的态度，外面配上黑白色的外套，使整套服装不会显得过于粉嫩。

（2）款式：套装款式，以埃菲尔铁塔的分割线作为设计元素，一款为长款毛线大衣外套，内搭无领短毛衫，呈现长短错落有致的外观效果；另一款为短款外套，方便长者行动，内搭厚实的毛衫，起到较好的保暖作用。均采用厚实平直的罗纹半空气层组织。

（3）穿着场合：适合社交场合穿用。

3. "未来"款式设计（图3-5-8）

（1）色彩：服装采用白色和粉红色调，体现长者轻松豁达、积极追求的生活态度。

（2）款式：采用扭绳组织和不对称的服装款式设计，这是服装的亮点。

（3）穿着场合：适合生活、旅游、出行穿着。

（三）系列设计整体展示

最后，汇总每个部分的设计，从而形成了完整的系列设计整体展示图（图3-5-9）。

图 3 – 5 – 7   "现在"款式设计

图 3 – 5 – 8   "未来"款式设计

图 3 - 5 - 9　系列设计整体展示

四、工艺制作

以下的工艺制作部分，以目前热卖的香港品牌"Love&Hope"所设计开发的一款长者针织毛衫产品为实例（图3-5-10）。一方面能真实地呈现企业的生产单（图3-5-11）和工艺单（图3-5-12），另一方面还能使读者从中获取与市场相关的毛衫开发信息。

图3-5-10　产品展示

Client 客户				制单编号		LH10/0079	客人款号	
合约编号				板单编号		LH-16-0157W	Date.日期	
Gauge	针数	16针		（2条毛）	Date complete 完成日期			
Quality	毛料成分	2/120 100%Spun silk						
Description	款式	女装一字领短袖套头衫，全件间色（正反针+挑孔）					染单编号	
Origin	生产地	Made In Hong Kong		制造商	绵德		制表	Alex
Finished weight	完成重量						核对	
Color/Quantity	数量/颜色	XXS	XS	S	M	L	XL	件数

		XXS	XS	S	M	L	XL	件数	
									1件
								合计:	件

		XXS	XS	S	M	L	XL
衣长	后领缝线至下摆			66	68	70	
胸宽	袖口下2cm处测量			46	49	51	
肩宽	缝至缝			30	33	36	
肩斜	领边测量			1.5	1.5	1.5	
前胸宽	领下12cm边至边			30	33	36	
后背宽	领下13cm边至边			32	35	38	
挂肩高度	垂直测量			22	23	24	
袖窿贴边	圆筒						
袖长	不含袖口边			19	20	21	
袖口宽				15	15.5	16	
袖口高	1×1			2	2	2	
下摆宽	下摆边测量			51	54	57	
下摆宽	1×1			2	2	2	
领高	圆筒			0.7	0.7	0.7	
领宽	缝至缝			2.5	2.5	2.5	
前领深				3.5	3.5	3.5	
后领深				1	1	1	
腰宽	领边下36cm			42	45	48	

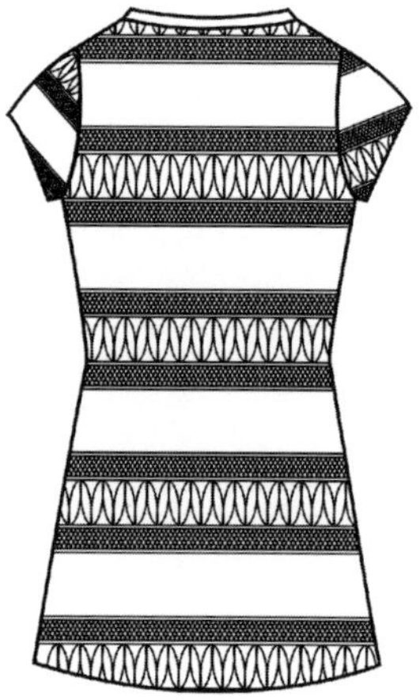

注　1.袖尾加宽，挂肩位置要收花
　　2.领口边不用间色，采用主色
　　3.初板尺寸采用S码

图 3-5-11　产品生产单

2014-9-29(16:42)　　　　生产编号：LH-16-0157W-M（初板）　　　　下数师傅：

尺码 M　（客户名称：）

测量单位：厘米	
胸宽	51.0
肩宽	36.0
衣长	70.0
挂肩斜度	24.0
前胸宽	38.0
肩斜	1.5
领宽	25.0
前领深	7.0
后领深	1.5
腰宽	48.0
腰高	40.0
下摆宽	56.0
领口贴边高	3.0
下摆高	2.0
袖口高	2.0
袖口宽	16.0
袖长	16.0
袖宽	17.0

前片（针号：$E16$）
毛料：2条毛
组织：单边
身底打花：10支拉$1\frac{2}{8}$英寸
平方：7.27针×6.85转

后片（针号：$E16$）
毛料：2条毛
组织：单边
身底打花：10支拉$1\frac{2}{8}$英寸
平方：7.27针×6.85转

袖（针号：$E16$）
毛料：2条毛
组织：单边
身底打花：10支拉$1\frac{2}{8}$英寸
平方：7.27针×6.85转

前后片下摆（圆筒）
毛料：2条毛
面字码：10支拉$2\frac{1}{8}$英寸
平方：7转

袖口（1×1）
毛料：3条毛
面字码：10支拉$1\frac{6}{8}$英寸
平方：7转

每打落机重量（磅）		毛料名称
前片重		A 2条2/120,100%silk
后片重		A 3条2/120,100%silk
袖片重		
领口贴边重		
其他		
总重		
复核人		

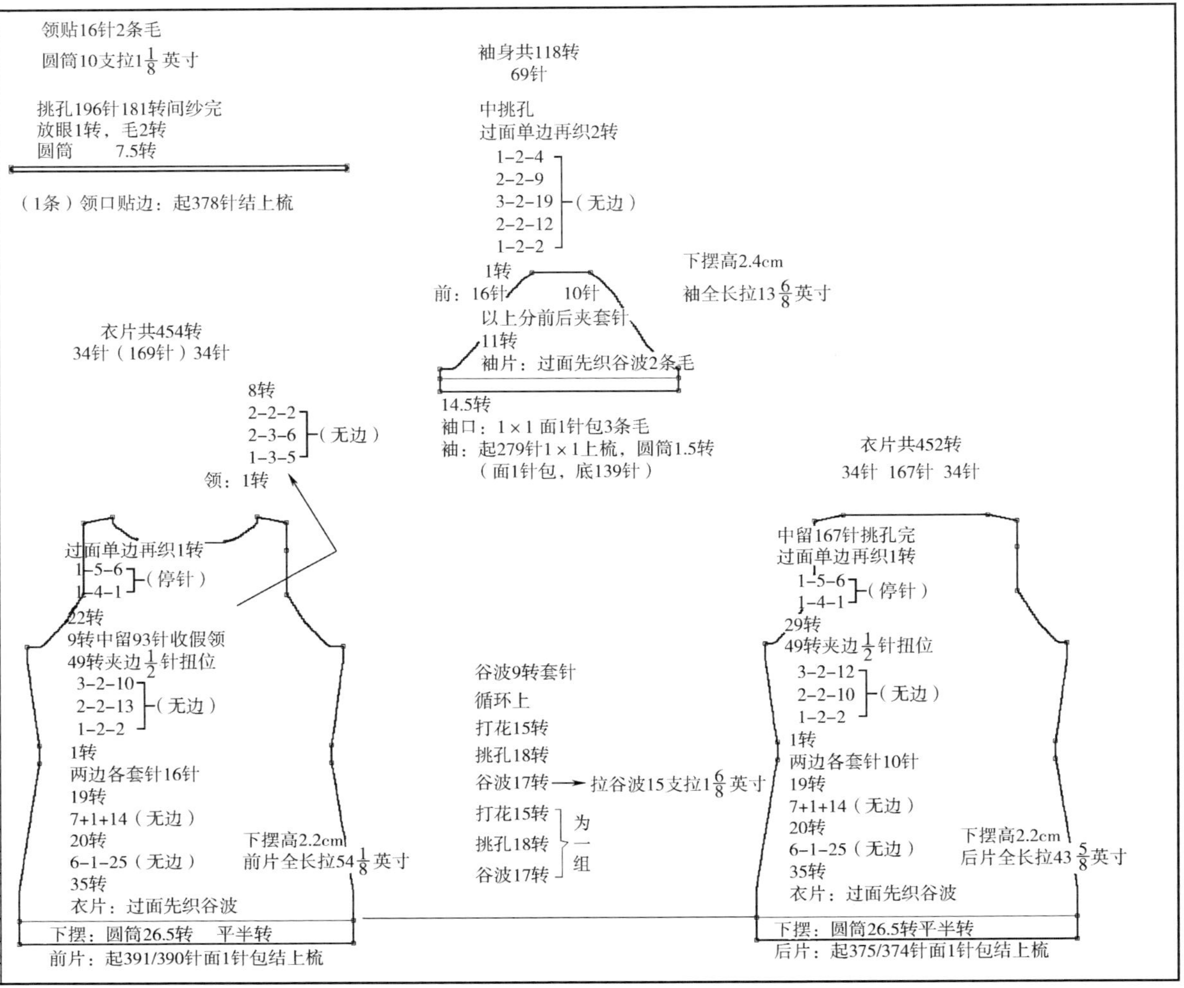

领贴16针2条毛
圆筒10支拉$1\frac{1}{8}$英寸
挑孔196针181转间纱完
放眼1转，毛2转
圆筒　7.5转
（1条）领口贴边：起378针结上梳
袖身共118转
69针
中挑孔
过面单边再织2转
1-2-4
2-2-9
3-2-19（无边）
2-2-12
1-2-2
1转
前：16针　10针
以上分前后夹套针
11转
袖片：过面先织谷波2条毛
14.5转
袖口：1×1面1针包3条毛
袖：起279针1×1上梳，圆筒1.5转
（面1针包，底139针）
下摆高2.4cm
袖全长拉$13\frac{6}{8}$英寸
衣片共454转
34针（169针）34针
8转
2-2-2
2-3-6（无边）
1-3-5
领：1转
过面单边再织1转
1-5-6
1-4-1（停针）
22转
9转中留93针收假领
49转夹边$\frac{1}{2}$针扭位
3-2-10
2-2-13（无边）
1-2-2
1转
两边各套针16针
19转
7+1+14（无边）
20转
6-1-25（无边）
35转
衣片：过面先织谷波
下摆高2.2cm
前片全长拉$54\frac{1}{8}$英寸
下摆：圆筒26.5转　平半转
前片：起391/390针面1针包结上梳
谷波9转套针
循环上
打花15转
挑孔18转
谷波17转→拉谷波15支拉$1\frac{6}{8}$英寸
打花15转
挑孔18转
谷波17转
为一组
衣片共452转
34针 167针 34针
中留167针挑孔完
过面单边再织1转
1-5-6
1-4-1（停针）
29转
49转夹边$\frac{1}{2}$针扭位
3-2-12
2-2-10（无边）
1-2-2
1转
两边各套针10针
19转
7+1+14（无边）
20转
6-1-25（无边）
35转
衣片：过面先织谷波
下摆高2.2cm
后片全长拉$43\frac{5}{8}$英寸
下摆：圆筒26.5转平半转
后片：起375/374针面1针包结上梳

图3-5-12　产品下数工艺单

练习题

1. 讨论针织毛衫设计与开发的要素，并谈谈你的认识。

2. 以青年人为目标顾客，从主题、灵感来源、色彩、纱线、组织结构、款式、辅料等着手，进行毛衫的设计开发，主题自拟。

参考文献

[1] 尹艳梅，翁小秋．花式线在针织面料中的应用［J］．丝绸，2004，7：10－11.

[2] 陈亚建．花式纱线的产品开发［J］．纺织导报，2008，3：50－52.

[3] 葛仙红，赵俐．花式纱线织物及其发展趋势［J］．上海纺织科技，2005，33（3）：17－19，32.

[4] 梁惠娥，严加平．针织服装面料设计语言初探［J］．艺术与设计，2010，5：241－243.

[5] Wang Jun，Huang Xiu－bao．Paremeters of Rotor Spun Slub Yarn［J］．Textile Research Journal，2002，72（1）：12－16.

[6] 吴秉坚．当代针织服装手册［M］．中国香港：香港生产力促进局，2002.

[7] 宋晓霞．针织服装设计［M］．北京：中国纺织出版社，2006.

[8] 沈雷．针织毛衫组织设计［M］．上海：东华大学出版社，2009.

[9] 毛莉莉．毛衫产品设计［M］．北京：中国纺织出版社，2009.

[10] 阿瑛．毛衣花样巧搭篇［M］．北京：中国纺织出版社，2013.

[11] 郭凤芝．针织服装设计基础［M］．北京：化学工业出版社，2008.

[12] 汪洋．流行元素对传统针织服装产业的影响研究［D］．无锡：江南大学，2012.

[13] 王海燕．绞花组织在针织毛衫创意设计中的应用［J］．毛纺科技，2014，42（1）：34－38.

[14] 刘丁．基于针织面料性能特点的针织服装原型研究［D］．上海：东华大学，2007.

[15] 张颖喆．针织服装设计中的疏密性造型工艺研究［D］．北京：中国美术学院，2013.

[16] 李胜华．毛衫工艺单的电脑横机编织状态图形转换的研究［D］．西安：西安工程大学，2012.

[17] 沈雷．针织服装品牌企划［M］．上海：东华大学出版社，2012.

[18] 谢丽钻．针织服装结构原理与制图［M］．北京：中国纺织出版社，2008.

[19] 赵俐．针织服装结构CAD设计［M］．北京：中国纺织出版社，2009.

[20] 闵悦．针织毛衫设计与工艺［M］．北京：北京理工大学出版社，2010.

[21] 周惠煜．花式纱线开发与应用［M］．北京：中国纺织出版社，2009.

[22] 肖丰．新型纺纱与花式纱线［M］．北京：中国纺织出版社，2008.